이야기 세계 지리

공간 감수성을 일깨우는 교양 필독서

이야기 세계 지리

최재희 지음

살림Friends

인간과 공간의 커뮤니케이션

세계는 넓고 이야기는 많습니다. '세계'는 풍성한 이야깃거리를 담는 거대한 플랫폼입니다. 그 시작은 원시인류였습니다. 수백만 년 전 동아프리카 지구대 일대에서 시작된 원시인류의 이동은 미지의 공간을 향해 호기롭게 나아간 선조의 용기에서 비롯되었습니다. 그들이 지나고 머문 공간에는 무수히 많은 발자취가 남았습니다. 온화하고 비옥한 환경에선 농법이 개발되었고, 생활이 불리한 조건에선 야생동물을 가축화하여 공존의 삶을 택하기도 했습니다. 인류가 정착한 곳에선 농경과 도시의 역사가 피어났고, 인류가 이동한 곳에선 실크로드와 차마고도의 역사가 기록되기도 했습니다.

인간이 머물고 지나가며 남긴 수많은 이야기는 세계라는 공간의 플랫폼에 꾹꾹 눌려 담겨 있습니다. 정착이 가능했다면 하천이 내준 비옥한 토양과 적절한 강수량이 뒷받침되었을 것이고, 가축과 함께 이동할 수 있었다면 풀이 자랄 수 있는 환경이 뒷받침되었을 것입니다. 나아가 도시가 발달했다면 밀집한 인구를 담아낼 공간이 충분한 지역이었을 것입니다. 지리학은 이와 같은 공간의 이야기를 재구성하는 데 중요한 소임이 있습니다.

세계지도를 펼치면 눈이 머무는 곳곳에 지리 이야기가 숨어 있습니다. 바다에 얹힌 대륙의 윤곽을 따라가다 보면 육지와 바다의 이야기가 궁금해지고, 국경선을 따라가다 보면 복잡하면서도 단순한 국경선 이야기가 궁금해집니다. 어떤 곳은 높고 험준하지만 또 어떤 곳은 낮고 완만합니다. 나무가 많아 울창한 숲을 이루는 곳이 있는가 하면 불모의 땅도 있습니다. 세계지도에는 이처럼 문자로는 미처 표현하기 힘든 공간의 다양성이 빼곡하게 담겨 있습니다. 공간의 다양성과 그곳에 담긴 공간 이야기를 이끄는 학문이 곧 지리(地理)입니다.

이 책은 바로 그런 의도에서 만들어졌습니다. 평소 세계지도를 즐겨 보면서 만난 다양한 공간 이야기가 필요하다고 느꼈습니다. 두 자녀와 함께 세계지도를 보면서 느끼는 즐거움, 그 공간을 복원하기 위해 펼친 다양한 공간의 이야기는 듣는 아이들은 물론, 말하는 저에게도 큰 울림을 줬습니다. 넓디넓은 대륙에서 인류가 탄생한 곳은 어딜까, 화산이 폭발하면 우리에게 어떤 영향을 줄까, 즐겨 보는 영화와 애니메이션에 등장하는 배경 화면은 어디를 바탕으로 한 걸까, 반 고흐의 강렬한 채색은 어떤 공간에서 비롯한 것일까? 궁금증이 생기면 주저 없이 세계지도를 펼쳐 공간의 이야기를 그려 봤습니다.

신기하게도 어렴풋이 떠오른 실마리를 잡아 복잡한 실타래를 풀듯 관련 자료를 찾아 헤매다 보면, 공간 속에 담긴 땅, 사람, 물, 바람이 귀엣말로 속삭이는 느낌을 받곤 했습니다. 마치 내가 해당 공간에서 살아가는 주인공인 것처럼, 해당 지역의 공간 이야기를 구성하는 여정은 짜릿한 쾌감이었습니다. 이런 곳이니 성을 지을 수밖에 없었겠다는 생각이 들거나, 이러해서 난민이 무동력 보트를 타고 지중해를 건널 수 있었다는 생각이 교차할 때면, 정말이지 지리 공부를 할 수 있어 행복함을 느꼈습니다. 그래서 강한 자신감과 확신이 들었습니다. 지리학은 충분히 공부할 가치가 있고, 교양으로서도 넓혀 배워 볼 만하다고 말입니다. 그래서 독자의 생각이 저의 글과 만나, 세계의 공간에서 활짝 피어나기를 간절히 바라게 되었습니다. 제 글이 여러분이 공간을 이해하는 데 작은 씨앗이 되어 싹을 틔울 수 있기를 진심으로 희망합니다.

원고를 마무리할 즈음이 되니 감사해야 할 분이 정말 많음을 느낍니다. 땅을 보는 안목과 지리학의 가치를 깨닫게 해 주신 교원대학교의 오경섭, 권정화 은사님, 설익은 원고를 학문적 시선으로 검토해 주신 조헌 박사님께 특별히 감사드립니다. 짜임새 있는 책을 만들어 주신 살림출판사 편집부에도 각별한 감사의 말씀을 전합니다. 늘 따뜻한 배려로 사위를 응원하고 지지해 주시는 장인·장모님이 계셔서 든든합니다. 끝으로 하늘로 긴 여행을 떠나신 아버지와, 가족을 위해 헌신하신 어머니, 든든한 인생의 반려자인 아내 김현정 님과 영리하고 사려 깊은 두 아들 형준, 이준에게 마음 깊은 곳에 자리한 신뢰와 존경 그리고 사랑의 마음을 전합니다.

2022년 3월

최재희

차례

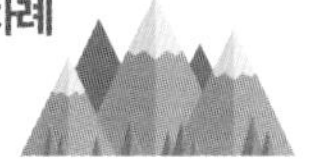

제2부 인문지리 _ 인간과 자연 이야기

제1부

자연지리

자연과 인간 이야기

1 판의 경계
(옐로스톤 국립공원, 미국)
8 화강암
(러시모어산, 미국)

6 해안 사막
(아타카마 사막, 칠레)

땅의 나이 듦에 관하여

문학평론가 이어령 선생은 "젊은이는 늙고 늙은이는 죽는다"라고 말한 바 있다. 이는 생로병사의 자연스러움을 간명하게 정리한 문장이다. 삶의 종착지에 이른 사람은 일생을 반추하며 죽음 앞에 겸손해진다. 죽음은 숨을 가진 모든 것이 피해 갈 수 없는 당위다.

이와 같은 여정은 무생물에게도 적용할 수 있다. 도시나 제조품은 물론, 자연환경에도 앞선 논리는 들어맞는다. 나아가 인류의 삶터인 땅도 그렇다. 땅은 태어나 성장하다가 늙어 죽음에 이른다. 다만, 지질학적 시간이 걸릴 뿐이다. 얼굴의 주름살에서 나이를 가늠할 수 있듯, 땅에도 나이 듦에 따른 패턴이 남는다. 땅과 인간은 여러 면에서 삶의 궤적이 비슷하다. 그래서 땅에 남은 세월의 흔적을 되짚는 일은 우리 삶을 돌아보는 일처럼 흥미롭다.

땅도 나이를 먹는다

지구에서 땅이라고 부르는 곳은 크게 보아 대륙판의 일부다. 대륙판 중에서도 해수면보다 높아야 땅이다. 대륙판과 짝을 이루는 해양판을 퍼즐 조각처럼 맞춰 보면 일정한 경계를 따라 이어 붙는다. 이와 같은 경계를 문자 그대로 '판의 경계'라 한다. 판의 경계는 땅의 생성과 소멸을 관장한다. 그런 면에서 판의 경계는 땅의 자궁이자 무덤이다.

땅의 생성은 판이 서로 멀어지는 경계에서 활발하다. 판이 서로 멀어지기 시작하면 갈라져 틈이 생긴다. 갓 구운 식빵을 양옆으로 잡아당기면 틈새가 만들어지는 이치와 같다. 틈에서는 지각 일부가 녹아 만들어진 마그마가 올라온다. 마그마는 판의 경계에 난 상흔을 꾸준히 메워 간다. 날카롭게 베인 손마디에 새살이 돋듯 마그마의 활동은 지각의 확장으로 이어진다. 이렇듯 갓 만들어진 땅은 양방향으로 조금씩 몸집을 불리며 다른 판의 경계로 나아간다.

다른 판의 경계로 나아가던 땅은 오랜 여정 끝에 두 가지 경우의 수

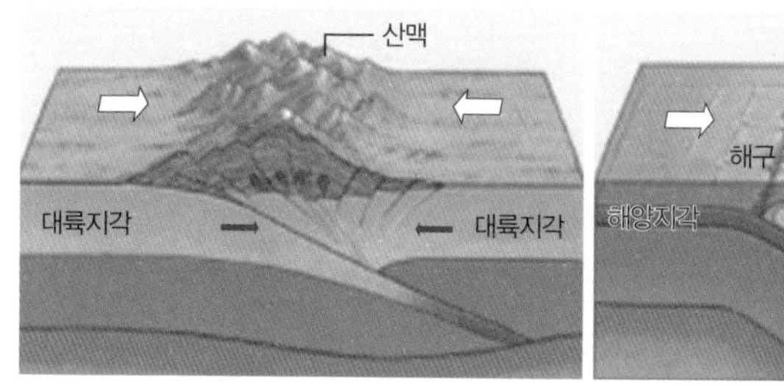

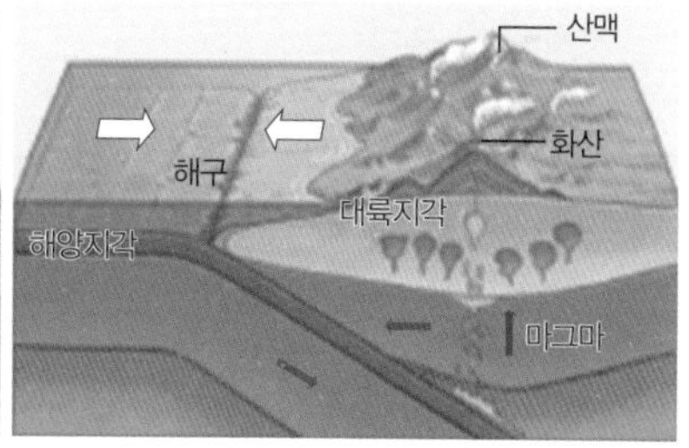

대륙판과 해양판의 만남
(왼쪽) 대륙판과 대륙판이 만나는 곳에서는 서로 충돌하여 습곡산맥이 형성된다.
(오른쪽) 해양판이 대륙판 아래로 섭입하면서 화산과 지진활동이 활발하게 일어난다.

를 만난다. 하나는 자신과 비슷한 판을 만나는 것이고, 다른 하나는 성질이 다른 판을 만나는 경우다. 가령 대륙판과 대륙판처럼 비슷한 성질의 판이 만나면 서로의 힘을 겨루면서 땅을 높게 들어 올리는 경우가 많다. 히말라야 산지가 그렇다. 만약 대륙판과 해양판처럼 힘의 우열이 확실하면 밀도가 높은 해양판이 아량을 베풀어 대륙판 밑으로 머리를 숙인다. 땅의 죽음, 다시 말해 판의 소멸은 이들 중 주로 후자에 해당하는 경우다.

땅은 삶의 여정에서 몸 곳곳에 흔적을 남긴다. 나이 듦에 따라 탄력을 잃어 가는 피부처럼, 땅은 비바람을 견디면서 몸이 닳아 없어진다. 그래서 바닷물 위로 드러난 땅의 평균 해발 고도를 살펴보면 대략적인 나이를 추정할 수 있다. 생성 시기가 짧아 비바람에 노출된 정도가 덜한 곳은 여전히 높은 산지로 남을 테고, 오래된 곳은 세월의 풍파로 평탄해질 것이기에 그러하다. 연장선에서 판의 경계와의 거리도 의미가 크다. 판의 경계와 가깝고 먼 정도에 따라 땅의 생성 시기가 다를 수밖에 없어서다.

나이 듦 관찰기 하나, 오스트레일리아와 뉴질랜드

오스트레일리아와 뉴질랜드는 마치 실과 바늘처럼 어울리는 한 쌍이다. 오스트레일리아 여행을 계획하자면 자연스럽게 뉴질랜드를 떠올릴 테고, 반대의 경우라도 사정은 같다. 두 나라가 쌍으로 묶일 수 있는 이유는 뭘까? 그건 두 나라를 구성하는 하드웨어와 소프트웨어가 남달라서다. 두 나라는 주변 섬들보다 면적, 인구, 경제, 관광 등 모든 지표에서 앞서며, 지리적으로도 가깝다. 그래서 지리적으로 어울리는 한 쌍이다.

두 나라 사이에는 보이지 않는 흥미로운 연결 고리도 있다. 바로 땅의 나이 듦에 관해서다. 땅의 높낮이가 표현된 지도에서 두 나라 사이의 바다를 살펴보면 연한 색깔의 바다가 눈에 띈다. 푸른빛이 연할수록 수심은 얕다. 그렇게 보니 뉴질랜드는 얕은 바다에 잠긴 거대한 땅 중 해수면 위로 봉긋 솟은 일부다. 오스트레일리아와 파푸아뉴기니섬 사이의 연한 바다를 통해서도 이들이 본디 한 몸이었음을 알아챌 수 있다. 연한 바다 공식을 오스트레일리아와 뉴질랜드에 대입하면 두 나라가 하나의 땅덩어리라는 근삿값을 얻을 수 있다. 현재의 해안선에 집착하지 않으면 보다 열린 시선으로 땅을 해석할 수 있다는 거다.

앞선 시선을 유지한 채 두 나라의 산지 배열을 보자. 판의 경계에

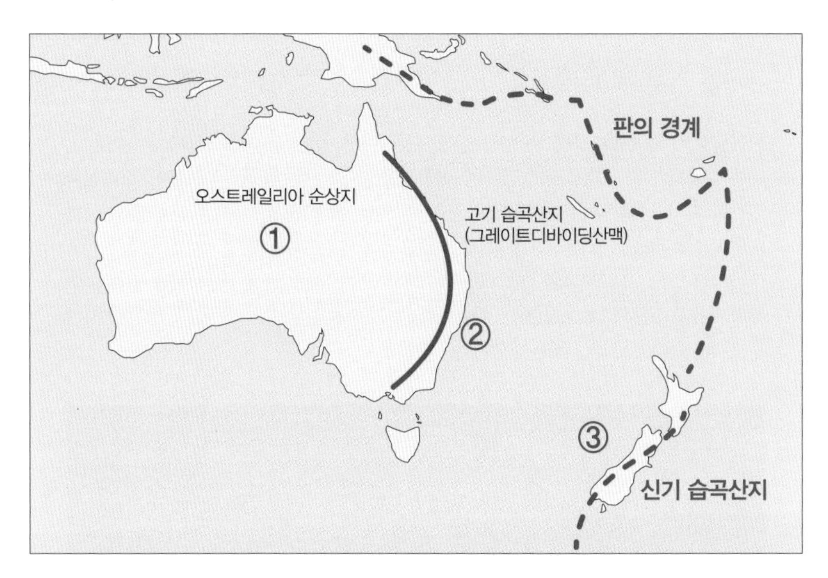

생성 순서에 따라 ① 순상지, ② 고기 습곡산지, ③ 신기 습곡산지 순으로 이어진다. 반면, 땅의 평균 해발 고도는 그 역순으로 높다. 이는 땅의 생성 시기와 관련이 깊다.

있는 뉴질랜드에서부터 북서 방향으로 갈수록 땅의 평균 해발 고도는 낮아진다. 그럼 뉴질랜드의 서던알프스산맥, 오스트레일리아의 그레이트디바이딩산맥, 그레이트빅토리아 사막 순으로 질서가 잡힌다. 대지형의 용어를 빌리자면 신기 습곡산지, 고기 습곡산지, 안정지괴로 이어지는 흐름이다. 이를 땅의 나이로 배열하면 시·원생대의 안정지괴, 중·고생대의 고기 습곡산지, 신생대의 신기 습곡산지 순이 된다.

앞서 정리한 질서대로 땅은 판의 경계와 멀수록 평균 해발 고도가 낮고 나이는 많은 경향을 보인다. 이러한 패턴은 세계 여러 지역에 활용할 수 있는 알짜 공식이다. '자연은 정직하다'라는 문구는 이런 경우 제법 어울리는 수사다.

바이칼, 그곳에 가고 싶다

바이칼호는 세계에서 가장 수심이 깊다. 가장 깊은 곳은 수심이 1,700m에 이른다. 내륙 깊숙하게 자리한 호수의 깊은 수심을 어떻게 이해해야 할까? 이는 땅의 갈라짐과 관련이 깊다. 내륙 깊숙한 곳의 땅이 깊게 갈라질 수 있었던 까닭은 유라시아판과 태평양판이 상호작용한 결과다. 지도를 펼쳐 한반도의 함경산맥을 찾아 바이칼호의 방향과 대응시켜 보자. 그러면 북동-남서 방향으로 이어진 연속된 산줄기의 흐름을 발견할 수 있다. 하나는 산맥으로 남았지만, 다른 하나는 호수로 남았다. 땅은 힘의 방향을 따라 주름지는 과정에서 높고 낮음을 만든다.

나이 듦 관찰기 둘, 유럽

이제 유럽으로 가 보자. 시작은 아이슬란드다. 아이슬란드는 나이 듦의 관점에서 매우 흥미로운 나라다. 서로 벌어지는 판의 경계가 바로 국토 중앙을 통과하고 있어서다. 북극해에서 아프리카 남단에 이르는 거대한 대서양중앙해령은 무수히 많은 에너지를 지하로부터 들어 올리는 막강한 5분 대기조다. 이 순간에도 판의 경계에서 만들어지는 거대한 마그마는 대서양을 조금씩 넓히고 있다. 지금의 대서양은 좁고 가는 판의 경계에서 시작되어 오늘의 규모에 이르렀다.

이제 앞의 알짜 공식에 대입할 차례다. 같은 셈법으로 아이슬란드를 기점으로 동쪽으로 향하면 스칸디나비아산맥을 지나 발트 순상지에 이른다. 신기 습곡산지의 아이슬란드를 지나 스칸디나비아반도의 고기 습곡산지를 넘어 발트해 주변의 시·원생대 땅인 발트 순상지를 만나는 구조다. 판의 경계와의 거리가 멀수록 오래된 땅을 만나는 패턴은 이곳에서도 유효하다.

내친 김에 동북아시아에도 앞선 패턴을 적용해 보자. 제일 먼저 할 일은 판의 경계를 찾는 거다. 시야를 확장해 보니 이웃한 일본이 눈에 들어온다. 일본은 해양판인 태평양판과 대륙판인 유라시아판이 만나는 경계와 매우 가깝다. 태평양판이 유라시아판 아래로 파고들어 간 덕에 일본은 화산과 지진이 매우 활발하다. 고로 일본의 주요 산지는 신기 습곡산지다. 일본을 기점으로 북서 방향으로 달리면 한반도와 중국의 대싱안링산맥을 지나 중앙시베리아고원과 북시베리아 평원을 만난다.

그렇다면 이들의 탄생 순서는 어떻게 될까? 예상하다시피 앞선 순서를 따른다. 판의 경계와 멀수록 땅의 나이가 많다는 사실을 기억하면, 세계지도를 보다 입체적으로 해석할 수 있다.

땅의 나이 듦에 기댄 사람들

마지막으로 땅에 기댄 사람들의 생활 모습을 살펴보자. 역시나 순서는 판의 경계에서부터다. 판의 경계와 가까운 곳에 사는 사람들은 화산과 불가분의 관계에 놓인다. 무엇보다 화산은 최고의 관광 자원이다. 뉴질랜드 북섬의 화산 투어, 로키산맥에 기댄 옐로스톤 국립공원, 아이슬란드와 일본의 화산과 온천은 모두 판의 경계 주변 지역이라서 가능한 일이다.

판의 경계에서 조금 안쪽으로 들어가면 고기 습곡산지와 순상지에 숨은 석탄과 철광석에 기댄 사람들을 만날 수 있다. 오스트레일리아의 그레이트디바이딩산맥과 미국의 애팔래치아산맥, 북유럽의 스칸디나비아산맥, 아시아의 대싱안링산맥에서는 석탄과 철광석을 얻을 수 있다. 석탄과 철광석이 만나면 '산업의 쌀'이라 불리는 철을 만들 수 있다. 그런 면에서 영국의 석탄 산지 주변에서 산업혁명이 시작된 것은 우연이 아니다.

가장 깊숙한 곳에 자리한 시·원생대의 땅은 인류에게 제법 의미 있는 자원을 선물한다. 그중에서도 세계적으로 수요가 많은 자원은 원자

미국 서부의 옐로스톤 국립공원의 그랜드프리매스틱 온천(Grand Prismatic Spring). 바다처럼 빛의 산란을 통해 파란색의 빛이 반사되어 온천수 역시 파란색으로 보인다. 주변의 황색 계열의 색은 이곳에 서식하는 미생물과 박테리아의 활동과 관련이 깊다.

판의 경계와 통가 화산

2022년 1월 폭발한 통가 화산은 위력이 상당했다. 한국의 천리안 위성에서도 뚜렷하게 관찰될 정도로 규모가 남달랐던 이번 폭발은 통가 일대는 물론 태평양 주변 국가에 쓰나미 피해를 유발할 정도였다. 어째서 통가 해역에서 큰 해저 화산이 폭발할 수 있었을까? 통가는 약 170여 개의 화산섬으로 이루어진 국가다. 이들 화산섬의 위치를 판의 경계를 표현한 지도에 대입하면, 경계선에 정확하게 맞아들어 간다. 이 지역은 해양판인 태평양판이 대륙판인 오스트레일리아판 밑으로 섭입하는 곳이라 화산과 지진이 잦다. 통가는 오랜 시간 동안 화산활동으로 국가의 영토가 '늘었다 줄었다'를 반복할 수밖에 없는 한계를 지닌 불안정한 땅인 셈이다.

땅의 나이 듦의 관점에서 보면, 통가 일대는 젊은이다. 이른바 태평양을 둘러싼 '불의 고리'의 일원으로서 마그마의 활동이 꾸준해서다. 구글 위성사진으로 통가 주변을 살펴보면, 선명하고도 깊은 판의 경계선이 아슬아슬하게 통가 주변을 지난다. 열 지어 발달한 작은 섬들은 해저 화산의 봉우리쯤에 해당한다.

최근 일본의 후지산 폭발에 관한 우려도 크다. 어린아이를 곁에 둔 부모가 아이들의 안전에 관해 노심초사하듯, 판의 경계와 가까운 국가들은 화산 폭발에 관한 걱정으로 노심초사다. 판의 경계에서 일어나는 활동은 불가항력이다. 판의 경계에 놓인 후지산은 언제 폭발해도 이상할 게 없는 혈기 왕성한 땅이라는 거다.

력 발전의 원료인 우라늄이다. 양질의 우라늄은 카자흐스탄, 캐나다, 오스트레일리아 등에서 얻을 수 있다. 이들 지역은 모두 판의 경계에서 멀리 떨어진 안정한 땅이다.

젊은이는 늙고 늙은이는 죽음에 이르듯, 마그마가 끓는 신기 습곡산지는 고기 습곡산지를 거쳐 안정지괴에 이른다. 얼핏 무질서해 보여도 나이순으로 질서를 잡아 주면 땅과 인간을 풍요롭게 이해할 수 있다. 이만하면 제법 실용적인 지리 문법인 셈이다.

분열이자 소통이라는 아이러니, 지구대

'지구대'라는 말을 들었을 때 단박에 떠오르는 여러분의 생각은? 동네에서 쉽게 마주치는 옛 파출소가 아닐까 싶다. 하지만 동음이의어의 해석은 듣는 이에 따라 달라지는 법! 수학 전공자에게 '파이'가 'π'로 연상되는 것처럼, 지리 전공자는 '지구대'를 '지구대(地溝帶)'로 연상한다. 지금부터 지리 전공자가 지구대를 바라보는 다섯 가지 사고 과정을 엿보기로 하자. 그러면 자연스럽게 지리 전공자의 '지구대'가 머릿속에 그려지리라.

하나, 지구대 찾기

20세기 초 대륙이동설을 주장한 독일의 기상학자 알프레트 베게너(Alfred L. Wegener)는 세계지도를 즐겨 봤다. 그는 어느 날 아프리카와 남미 대륙의 해안선이 퍼즐 조각처럼 이어 맞는 것에서 이들이 과거에 하나였다가 서로 분리되었음을 확신했다. 베게너가 제시한 흥미로운 가설은 오늘날 세계 대지형을 이해하는 '판구조론'으로 정립되었다. 그는 지도 관찰만으로 거대한 이론의 영감을 얻은 셈이다.

베게너의 탐구심과 호기심으로 무장하고 세계지도를 펼쳐 보자. 그리고 아프리카 대륙의 동부에 집중해 보자. 멀리서 보고, 가까이에서 보고, 때론 흐리멍덩한 눈으로도 바라보라. 그러면 홍해가 좁은 바다라는 것, 빅토리아호가 매우 크다는 것, 좁고 긴 호수들이 남북으로 줄지어 분포한다는 것 등을 알아챌 수 있다. 이쯤에서 아프리카 대륙 동부의 지형 요소들이 모종의 규칙성을 지닌다는 생각으로 다시 그곳을 바라보면, 아프리카 동부 일대가 마치 종이처럼 찢기는 것처럼 느낄지도

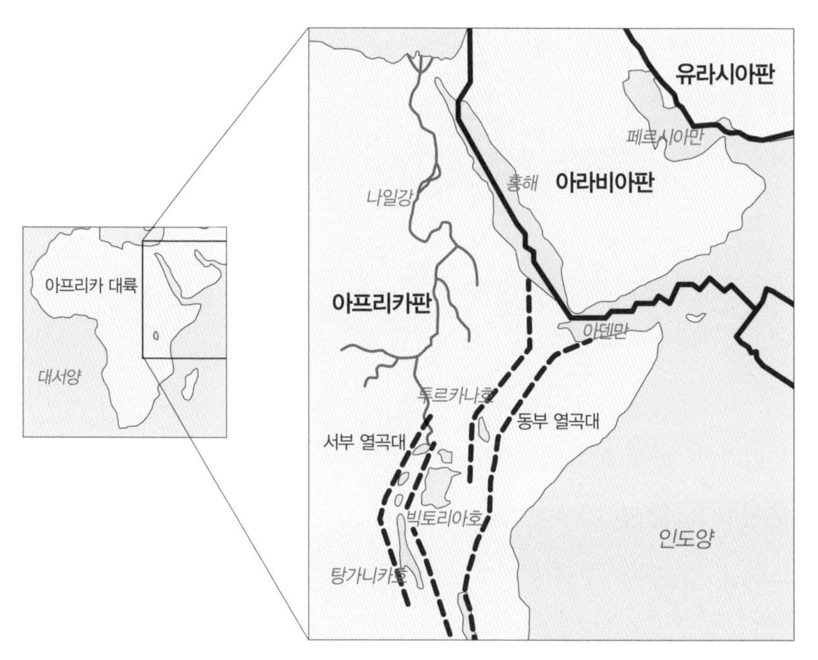

동아프리카 지구대는 두 대륙판이 서로 갈라지는 곳에서 마그마의 상승으로 판이 서로 반대 방향으로 이동하면서 만들어진다. 그래서 지구대 곁에 높은 화산 및 땅이 꺼진 자리에 형성된 호수가 열 지어 나타난다.

모른다. 만약 그렇다면 지도 관찰만으로 '동아프리카 지구대'를 간접 체험한 것이라 해도 좋겠다.

동아프리카 지구대는 이집트 일대에서 아프리카 동부 지역을 따라 약 5,000km 길이로 펼쳐져 있다. 19세기 영국의 지질학자 존 그레고리(John W. Gregory)는 길게 늘어선 평평한 산과 계곡을 보고 이곳을 대(大) 지구대(Great Rift Valley)라 명명했다. 동아프리카 지구대는 서아시아의 시리아 북부에서 시작하여 갈릴리호, 요르단강, 홍해 등을 두루 거친다. 이후 홍해 말단의 아파르 삼각지대에서 두 갈래로 나뉘어, 동쪽으로는 아라비아해, 남서쪽으로는 오늘날의 에티오피아고원을 따라 아프리카 동부로 이어진다. 우리가 주목할 부분은 홍해 부근에서 시작해 동아프리카를 종단하는 '지구대'다.

둘, 지구대 분석하기

우리가 두 발로 딛고 선 '지표(地表)'는 지구를 둘러싼 지각 일부다. 인체로 비유하자면 피부에 해당한다. 하지만 지각은 그냥 피부가 아니다. 노화를 촉진하는 고열성 피부라고나 할까? 지각이 얼마나 뜨거운지 느껴 보고 싶다면 남아프리카공화국 소재의 타우토나 금광을 추천한다. 지하 약 4km 깊이의 광산 기반암의 온도는 50℃가 넘는다. 이를 통해 더 깊은 지각 내부의 온도가 얼마나 높은지 미루어 짐작할 수 있다. 지구 내부로 들어갈수록 온도가 올라가는데, 종착지점의 온도는 자그마치 6,000℃가 넘는다.

지구가 이토록 뜨거운 이유는 '탄생의 원죄' 때문이다. 생성될 때부터 막대한 열을 머금은 지구는 마그마를 지표 바깥으로 분출하면서 그 열기를 식혀야만 한다. 이 과정에서 맨틀 위 지각은 한여름 초코파이의 겉면처럼 흐물거리는데, 이를 '맨틀의 대류 현상'이라고 한다. 이렇듯 판과 판이 서로 부딪치거나 멀어지는 과정이 반복되면서 지표에는 다양한 활동 이력이 남는다.

그렇다면 동아프리카 지구대에는 어떤 활동 이력이 남았을까? 크게 두 가지로 정리된다. 하나는 높고 평평하게 남은 '지루(地壘)', 다른 하나는 낮은 골짜기로 남은 '지구(地溝, 열곡)'다.

홍해의 기적, 지리적으로 가능한 일일까?

기독교 신자에게 홍해는 '모세의 기적'으로 통한다. 바다에 길을 내 이스라엘 백성이 이집트 병사를 따돌렸다는 이야기는 홍해에 신비감을 준다. 생각해 볼 것은 땅 갈라짐 이후 물이 차올라 만들어진 홍해의 수심이다. 홍해의 평균 수심은 약 500m 정도다. 그래서 모세의 기적이 가능할지에 관한 의구심이 든다. 곳에 따라 수심이 얕은 곳도 있지만, 홍해의 땅 자리는 기본적으로 좁고 깊다. 내려가고 올라오는 데 제약이 큰 지형 조건이라는 거다.

하지만 이야기의 무대가 '황해'라면 사정이 달라진다. 황해는 지난 빙기 때 육지였고, 지금도 평균 수심이 약 50m 정도로 낮다. 물길이 열리면 충분히 건널 수 있는 지형 조건인 셈이다. 그런 면에서 '현대판 모세의 기적'으로 불리는 진도 바닷길은 조수간만의 차가 열어 준 흥미로운 지리 이벤트다. 이 역시 좁고 깊은 홍해라면 결코 있을 수 없는 일이다.

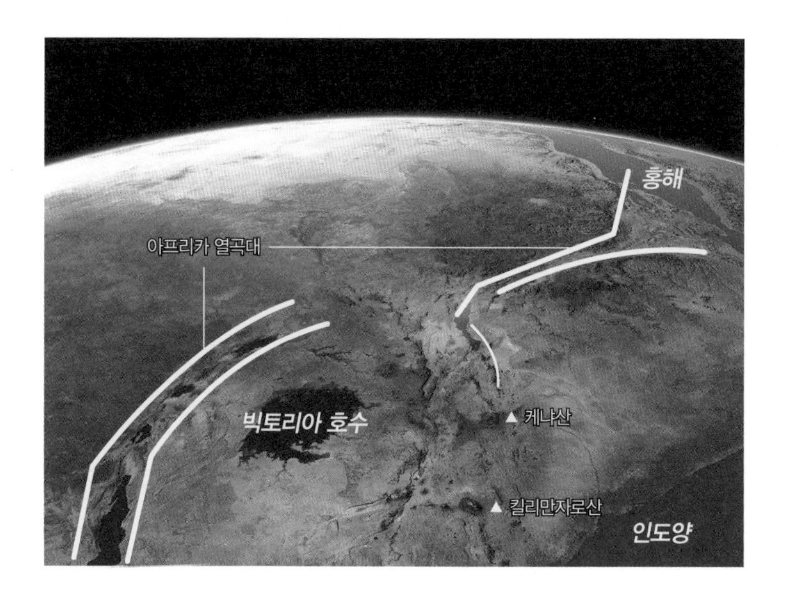

잠시 홍해 주변으로 눈을 돌려 보자. 아프리카판과 아라비아판이 서로 벌어지면서 두 판 사이에는 높은 지루와 낮은 지구가 만들어졌다. 두 판 사이에 좁고 길게 발달한 홍해는 지구에 물이 차올라 생긴 것이고, 아라비아반도에서 홍해 동쪽 연안을 따라 형성된 사라와트산맥과 홍해 서쪽 나일강 동부의 고지대는 지루에 해당한다. 이처럼 땅의 패턴을 알면 지도 해석 능력이 배가된다. 나일강이 가까운 홍해로 흘러가지 않고 먼 지중해로 거슬러 오르는 까닭은 지루와 지구가 물길을 통제하기 때문이다.

이번에는 같은 맥락에서 아프리카 대륙 동쪽으로 눈을 돌려 보자. 여기서는 아프리카 대지구대의 일부인 에티오피아고원이 지루이고, 빅토리아호를 포함한 주변 호수나 저지대가 지구다. 그렇다면 마지막으로, 높게 솟은 킬리만자로산(해발 5,895m)과 케냐산(해발 5,199m)은? 지각 틈새로 분출한 마그마가 오랜 시간 공들인 걸작임을 눈치챘다면, 여러분은 아주 훌륭한 상상력의 소유자다. 이와 같은 일련의 지형 배열과 형상은 모두 동아프리카 지구대의 '땅 갈라짐' 현상과 무관하지 않다.

셋, 지구대에 이야기 입히기

동아프리카 지구대가 지나는 케냐와 탄자니아를 찾아 주변을 둘러보자. 그러면 거대한 돔 형태의 지구대를 중심으로 고원과 초원, 호수,

세렝게티 국립공원의 초원에 무리 지은 누(wildbeest) 떼는 가젤, 얼룩말 등의 초식동물처럼 매년 마르지 않는 물웅덩이를 찾아 대규모로 이동한다. 그 뒤를 따라서는 포식자들이 이탈한 개체를 사냥하기 위해 함께 이동한다.

화산이 차례로 눈에 들어온다. 고원과 초원이 펼쳐진 사이마다 화산과 호수가 어우러진 이곳은 인류사적으로 굉장히 의미 있는 곳이다. 바로 인류의 기원지로 알려진 올두바이 협곡을 품고 있어서다.

탄자니아 북부 응고롱고로 분화구 인근의 올두바이 협곡은 인류의 요람으로 불린다. 이곳에서는 다양한 원시인류의 두개골과 뼈 화석이 무더기로 발견되었다. 특히 원시인류가 사용한 것으로 추정되는 석기도 함께 발견되어, 호모 하빌리스의 존재를 알린 곳이기도 하다. 돌의 끝을 날카롭게 다듬은 석기는 원시인류가 침팬지와는 엄연히 다른 사고력을 지닌 존재였음을 증거한다. 그런 면에서 동아프리카 지구대에 담긴 첫 번째 이야기는 인류다.

동아프리카 지구대의 두 번째 이야기는 생명의 탄생과 진화다. 올두바이 협곡 주변으로 넓게 펼쳐진 초원엔 세계 최대의 야생동물 국립공원인 세렝게티 초원이 있다. 세렝게티 초원은 건기와 우기가 뚜렷한 사바나 기후 지역에 속한다. 초원에서 살아가는 초식동물은 비구름을 따라 주기적으로 이동하도록 프로그램화되었는데, 이는 생태계의 선순환 질서에 따른 것이다. 대규모 이동 시 무리에서 이탈한 초식동물은 포식자의 먹잇감이 되고, 강을 건너다 실패한 개체는 하천 생태계의 자양분이 되어서다. 이렇게 보면 문명 시대 이전엔 원시인류를 포함한 모든 동식물은 생명 공동체였다.

동아프리카 지구대의 세 번째 이야기는 화산과 호수다. 동아프리카 지구대는 세렝게티 초원에 비옥한 화산 토양을 선물했다. 응고롱고로가 분화할 때 쌓인 화산재는 세렝게티 초원의 든든한 밑거름이다. 그래서 생물 다양성이 높다. 화산 곁의 호수는 현생인류에게 소중한 삶터를 제공했다. 화산의 만년설에서 공급되는 물로 호수가 만들어졌고 그 주변으로 유기물이 풍부한 화산재 토양이 덮일 수 있었기에 그러하다. 인류는 지구대의 비옥한 흙과 청정한 물 덕에 농부와 어부로서 생존할 수 있었다. 올두바이 협곡과 투르카나호에서 발견된 물고기 뼈 화석은 메마른 건기의 호수에서 옴짝달싹할 수 없는 메기를 잡던 원시인류의 흔적이다. 그런 면에서 무미건조한 지구대에 생명 이야기를 덧대는 일은 지구대에 살던 원시인류의 삶을 되짚는 일과 같다.

넷, 지구대의 의미를 제고하기

동아프리카 지구대를 유심히 바라보면 또 한 가지 흥미로운 사실과 마주할 수 있다. 케냐 북부의 투르카나호부터 탄자니아 응고롱고로 분화구 일대까지 연속된 화산, 호수, 지구대의 선상 배열이 그것이다. 화산과 호수의 열 지은 분포는 마치 거대한 징검다리를 떠올리게 만든다. 이들이 열 지어 분포하는 까닭은 결론부터 말하자면 땅이 열 지어 갈라졌기 때문이다.

먼 미래의 일이지만 동아프리카 지구대가 매년 지금과 같은 속도로 분리된다면, 언젠가 아프리카 대륙은 둘로 나뉠 것이다. 이는 판구조론의 원리로 볼 때 확실한 미래다. 먼 미래에 선상으로 갈라진 자리는 좁고 깊은 홍해처럼 바다가 될 것이다. 그리고 분리되어 떨어져 나가 섬으로 남은 곳에서는 여러 생물종이 독자적인 진화를 진행할 것이다.

동아프리카 지구대는 '소통'의 활로가 되기도 한다. 인류의 이동이 본격화된 약 50만 년 전에 동아프리카 지구대는 남북으로 길을 내줬다. 고고학적 발굴 결과에 따르면, 올두바이 협곡 일대에 기거하던 오스트랄로피테쿠스의 일부는 민첩하게 걸을 수 있는 호모 에렉투스로 진화했다. 그 뒤 원시인류는 북아프리카, 유럽, 아시아로 이동하면서 각기 다른 방향으로 진화해 나갈 수 있었다. 이렇듯 지구대는 '소통의 활로'라는 인류사적 의미를 지닌다.

나아가 지구대는 인류 진화의 분기점이라는 공간적 의미도 갖는다. 호모 사피엔스 공동체가 지구대 곁 올두바이 협곡을 '인류의 요람'이라 부르는 것도 결국 지구대에 지리적인 의미를 부여함으로써 가능한 일이다.

다섯, 닮은꼴 지구대 찾기

우리나라에도 지구대가 있다. 동아프리카 지구대의 규모에 비할 바는 아니지만, 북한의 길주·명천 지역에 가면 열 지어 이어진 작은 지구대를 만날 수 있다. 이곳은 신생대 제3기에 단층운동과 화산 폭발로 만들어졌다. 지도를 관찰하면 개마고원과 칠보산의 사이가 지구대 자리로, 개마고원과 칠보산은 각각 지루에 해당하고, 열 지어 들어선 온천 지역과 함경선(평라선) 철도 자리는 지구에 해당한다.

남한에서는 형산강 지구대가 유명하다. 경북 포항과 경주를 거쳐 울산에 이르는 형산강 지구대에는 인근에서 곧게 뻗은 산지와 골짜기가 열 지어 늘어서 있다. 이 지역 역시 신생대 지각운동의 결과물이다. 흥미로운 상상이지만, 만약 한국전쟁으로 끊어진 동해선 철도가 통일로 재건된다면, 남한 지구대를 통과한 기차가 북한 지구대를 통과하는 셈이 된다. 지구대가 '분열이자 소통의 활로'라는 관점에서 그러한 의미 부여가 가능하리라.

괴력과 마력의 화산 그리고 인류

'세계 1위'라는 타이틀은 무척 매력적이다. 그래서인지 1위 자리를 두고 늘 치열한 경쟁이 벌어지곤 한다. 기네스북은 각 분야 '1위 종결자'들을 1955년부터 해마다 기록해 왔다. 하지만 여전히 1위 자리를 둘러싼 논쟁은 곳곳에서 진행 중이다. 이 가운데 '산'에 관한 것이 하나 있다.

일반적으로 세계 최고봉은 해수면을 기준으로 따져서 에베레스트산(해발 8,848m)이라고 본다. 그러나 지구 중심을 기준점으로 삼으면 얘기가 달라진다. 이때는 적도 인근의 침보라소산(해발 6,268m)이 단연 1위다(침보라소산의 정상은 지구 중심에서 6,384.4km 떨어져 있다). 지구가 완전한 구형이 아니라, 적도 부근이 상대적으로 긴 타원이라서 생긴 결과다. 나아가 오직 산의 규모로만 접근하는 방식도 있는데, 그 경우 해저부터 잰 전체 높이가 1만 100m인 마우나케아산(해발 4,207m)이 1위를 차지한다. 이런 논쟁은 마치 마천루의 높이를 잴 때 첨탑을 포함할지를 놓고 따지는 것과 비슷하다.

그런데 여기서 안데스산맥의 침보라소산과 하와이섬의 마우나케아산은 '화산'이라는 점이 눈에 띈다. 또 잠시 한 발 물러서 보면 대륙별 최고봉의 상당수가 화산이라는 공통점도 찾을 수 있다. 남아메리카의 아콩카과산(해발 6,962m)이나 아프리카의 킬리만자로산(해발 5,895m), 유럽의 엘브루스산(해발 5,642m) 등은 각 대륙의 가장 높은 산이자 화산이다. 그 점을 보면 화산을 통해 자못 흥미로운 지리적 셈법이 가능할 듯싶다. 인류에게 화산은 어떤 의미일까?

뜨거운 마그마의 향연, 화산의 탄생

화산은 영화 〈반지의 제왕〉 3부작에서 악의 제국 '모르도르'를 지탱하는 힘이자 무너뜨리는 힘으로 활용됐으며, 〈쥬라기 월드〉(2015)에서도 공룡 제국을 파괴하는 소재로 쓰였다. 또한 화산은 인류 멸망의 시나리오에서 빠지지 않고 등장하는 단골 소재다. 그처럼 인류에게 화산은 창조와 파괴를 넘나드는 무소불위의 존재로 인식되어 왔다.

화산이 이토록 강력한 힘을 지니는 까닭은 무엇일까? 바로 지구 내부의 핵분열 때문이다.

핵분열을 통해 만들어진 막강한 에너지는 맨틀 상부를 표류하는 판과 판의 상호작용에 의하여 화산의 형태로 지표 밖으로 분출한다. 특히 해양판과 대륙판의 상호작용에서 화산활동이 도드라진다. 두 판이 만나면 밀도가 큰 해양판이 대륙판의 밑을 파고드는 '섭입(攝入, subduction)'이 일어나는데, 그 과정에서 엄청난 마찰력이 발생해 땅에 균열이 생기거나 암석이 녹아 마그마가 된다. 마그마는 성난 황소처럼

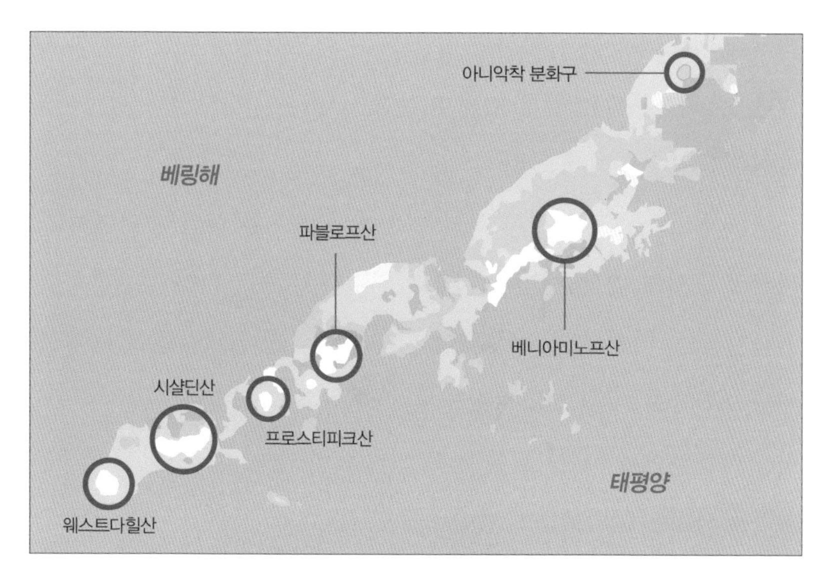

미국 알래스카에서 뻗어 나오는 알류샨 열도는 환태평양 조산대의 '불의 고리'에 속하는 지역이다. 화산이 열 지은 분포를 통해 이곳이 판의 경계 지역임을 알 수 있다.

지표 밖으로 분출되어 용암으로 흐른다. 세상으로 나온 용암은 성질에 따라 산지를 형성하거나 평탄한 대지를 만들기도 한다. 화산 폭발은 마치 피부 속 피지가 올라오며 뾰루지를 만드는 것처럼, 강렬한 흔적을 지표에 남긴다.

흔히 '불의 고리(Ring of Fire)'로 불리는 환태평양 조산대에 이런 화산의 강렬한 흔적이 집중해 있다. 그곳에선 태평양판이 주변의 대륙판 밑으로 들어가는 섭입이 빈번하게 일어난다. 이렇다 보니 환태평양 조산대에 전 세계 화산의 75%가 모여 있게 되었다(모든 지진의 90%와 규모가 매우 큰 지진의 81%도 환태평양 조산대에서 발생한다). 구글어스 위성사진을 곁에 두고서 불의 고리 지역 화산들을 하나씩 따라가다 보면 수천 미터의 높이를 자랑하는 화산이 열을 지어 분포하는 모습도 관찰할 수 있다. 그 화산들의 배열은 마치 황푸강을 따라 늘어선 중국 상하이의 마천루 군집을 연상케 한다.

위성사진을 보고 있자니 하늘을 향해 솟아오른 화산의 괴력이 느껴짐과 동시에, 용암이 빚은 기묘한 지형의 마력도 다가오는 듯하다. 인간이 만든 마천루 군집이 거대한 자본 권력의 위압감을 전해 주면서도 아름다운 야경으로 사람을 매혹하는 것과 비슷한 느낌이랄까? 다소 이율배반적인지도 모를 이런 느낌을 이해하려면 좀 더 구체적인 지역을 사례로 살펴보는 방법이 유효할 듯싶다.

괴력의 화산 그리고 인류

1815년 4월 5일은 인도네시아 숨바와섬의 탐보라산(해발 2,722m)이 대폭발하며 인류에게 극한의 공포를 안겨 준 날이다. 그 당시 기록에 따르면 수천 킬로미터 밖에서도 거대한 폭발음이 들렸다고 한다. 정말인지 의심스럽다면 구글어스에 접속해 '탐보라산'을 한번 찾아보라. 거대한 분화구가 단숨에 여러분의 시선을 잡아끌 것이다. 참고로 이 화산은 지금도 화산활동이 이어지는 활화산으로, 최근 분화는 1967년에 일어났다.

탐보라산 폭발은 인류사에서도 기념비적인 사건이었다. 폭발과 동시에 탐보라산은 인근 문명을 순식간에 집어삼켰다. 강력한 용암, 유독

가스, 산사태 등을 거느린 화산 앞에서 인류는 한없이 무력했다. 숨바와섬은 물론 이웃 섬에 거주하던 수만 명의 생명이 탐보라의 분노와 함께 사그라들었다. 그러나 이는 뒤따른 2차 피해에 비하면 서곡에 불과했다.

2차 피해의 주동자는 화산재였다. 수 킬로미터 높이로 솟구친 탐보라산의 화산재는 막대한 양의 먼지구름이 됐고 인도네시아를 넘어 주변으로 퍼져 나갔다. 그 당시 화산재 파편은 수천 킬로미터를 이동했다고 한다. 거대한 화산재 구름이 뒤덮은 대기는 마치 검은 우산을 뒤집어쓴 것처럼 빛이 거의 들지 않는 환경을 만들었다.

인문학적으로 빛은 진리의 근원이지만, 생물학적 관점에서 빛은 생명의 근원이다. 빛이 차단되면 인간을 비롯한 생명체는 멸절할 수밖에 없다. 화산 폭발이 두려운 까닭은 빛을 차단하는 이른바 '화산 겨울(volcanic winter)'을 만들어 내서다. 화산 겨울 현상이 본격화되면 초목과 야생동물의 생명은 서서히 꺼져 간다. 강력한 화산 폭발은 여름을 잃어버렸다는 표현이 무색하지 않을 정도로 암울한 세상을 만들 정도로 힘이 세다.

1815년의 탐보라산 대폭발은 지구 전역에 영향을 준 초대형 재난으로 평가받는다. 대기를 뒤덮은 화산재 구름이 지구가 받는 태양 광선의 30%를 다시 우주로 튕겨 내면서 이듬해인 1816년에는 연평균 기온이 크게 떨어졌다. 호수는 일 년 내내 얼어붙었으며 7~8월에도 눈이 내렸다. 냉해로 농사는 완전히 흉작이었고, 인류는 기근에 허덕였다. 해수면이 높아져 바닷물이 역류하면서 수인성 전염병인 콜레

1816년 즈음, 그림에 남은 화산의 그림자

1883년 인도네시아 순다 해협의 크라카타우 화산이 폭발했다. 그야말로 대폭발이었다. 하늘은 온통 화산재로 덮였고, 이들의 영향은 전 지구적이었다. 화산재는 지구 반 바퀴를 돌아 유럽을 강타했고, 그곳엔 화가 뭉크가 있었다. 뭉크는 〈절규〉를 통해 화산 석양을 표현했다. 화산 석양은 화산이 폭발하면 대기 중 황산이 빛에 반응하면서 붉은 노을이 진 것처럼 보이는 현상이다. 화산 석양이 무서운 까닭은 지표에 도달하는 태양 에너지의 양, 다시 말해 일조량이 줄어든다는 데 있다. 하늘로 치솟은 화산재와 먼지는 햇빛을 차단하기에 가공할 위력을 지닌다. 뭉크의 걸작 〈절규〉는 그렇게 탄생했다.

라까지 창궐했다. 1816년은 그야말로 '여름이 없었던 해(Year Without a Summer)'였다.

마력의 화산 그리고 인류

화산은 마냥 위험할 것 같지만, 관점을 달리하면 색다른 마력을 찾아볼 수 있다. 무엇보다 화산은 생명체에 남다른 존재다. 지구가 탄생할 무렵, 거대한 화산의 폭발로 대기와 바다를 오가는 수증기가 만들어졌고 이를 통해 오늘날과 같은 충분한 밀도의 대기가 조성됐기 때문이다. 생명의 관점에서 화산 폭발로 비롯된 수증기 공급은 매우 중요한 이벤트였다. 화산 폭발은 그 자체로 보면 생명체에 위협적이지만, 화산이 폭발했기에 역설적으로 생명이 존속할 수 있었다.

수증기로써 인류 탄생의 기반을 마련해 준 화산 폭발은 또한 인류에게 비옥한 토양 환경을 선사했다. 이는 화산 지대의 활발한 농업 활동을 통해 알 수 있다. 화산 지대에서 농사가 활발한 이유는 바로 마그마 덕분이다. 마그마는 지하의 다양한 기반암이 융합되어 만들어진다. 따라서 식물이 생장하는 데 필요한 마그네슘, 칼륨(포타슘), 칼슘, 인 등이 풍부하다. 화산이 분출해 마그마가 세상에 나오는 일은, 식물로선 지하 저장고의 신선한 퇴비를 공급받는 것과 같다. 아무리 척박한 토양일지라도 화산재가 쌓이면 농경에 유리한 옥토로 탈바꿈하기 때문이다.

중남미 코스타리카 아레날 화산 근처에서는 커피 원두 재배가 활발하다. 해발 1,500m의 비옥한 화산 토양과 온화한 기후의 영향으로, 서울시 정도의 면적에서 9,000여 개의 커피 농가가 농사를 짓고 있다.

이런 사례는 세계 곳곳에서 쉽게 찾을 수 있다. 기름진 화산 토양을 자랑하는 인도네시아의 자와(자바)섬에선 덥고 습한 기후 조건과 맞물려 연중 벼 재배를 할 수 있으며, 동아프리카 지구대 주변에서는 비옥한 화산토를 기반으로 고대왕국이 번성했다. 이탈리아 남부의 베수비오산(해발 1,281m)은 갑작스러운 폭발로 고대 문명 도시 폼페이를 순식간에 앗아 갔지만, 양질의 포도·오렌지 농사를 지을 수 있도록 광물질이 풍부한 토양을 마련해 줬다. 위험한 줄 알면서도 가까이할 수밖에 없는 화산은 그래서 마력적이다.

후지산으로 검증하는 화산의 괴력과 마력

일본의 최고봉이자 영산으로 꼽히며 세계문화유산으로도 등재된 후지산(해발 3,776m). 하지만 여기에 덧씌워진 감투를 조심스럽게 벗겨 내면, 후지산은 그저 지구상에 무수히 많은 활화산 가운데 하나일 뿐이다.

지질학에선 약 1만 년 이내에 한 번이라도 분출한 적이 있는 화산을 활화산으로 정의한다. 그렇게 보자면 (1707년부터 휴지기에 들어갔지만) 이미 수차례 분화한 후지산은 '살아 있는' 활화산이다. 18세기 에도 시대, 후지산은 대분화를 통해 지금의 도쿄 지역에 괴력을 뽐낸 바 있다. 후지산 지하에 웅크리고 있는 마그마는 발사 명령이 떨어지면 언제라도 출격할 수 있는 상태로, 판과 판의 힘겨루기를 틈타 언젠가는 땅속을 탈출할 것이다. 이론상으로는 당장 내일 분화한다고 해도 이상할 게 없다. 만약 이 일이 우리 생에 현실로 나타난다면 그에 따른 피해는 모든 이의 상상력을 넘어설지 모른다. 화산은 예측이 불가능한 '괴력의 소유자' 아니었나.

후지산 북쪽에 자리한 야마나시현은 화산의 '마력'을 담뿍 느낄 수 있는 곳이다. 이곳은 일본 최대의 포도 재배지로 유명한데, 12세기부터 유럽산 포도 묘목이 심어졌다고 한다. 이곳에서 대규모의 포도 농사가 가능한 것은 비옥한 화산 토양 덕이다. 그래서 이 지역에서는 양질의 포도주를 얻을 수 있다.

후지산의 마력은 북서쪽에 있는 주카이 숲을 통해 색다른 각도로 접근할 수 있다. 주카이 숲은 화산 토양 덕분에 수목의 밀도가 매우 높아서 삼림욕을 즐기려는 사람들이 자주 찾는다. 그런데 나무가 지나치게 빼곡한 숲이라 주카이 숲에선 길을 잃는 사람이 꽤 많다고 한다. 울창한 숲을 걷다 보면 그 길이 그 길 같아서 방향을 잃기 십상이라는 것이다. 사실 이 숲은 자살인지 실종인지 구분하기 어려울 정도로 꽤 많은 유골이 발견되는 것으로 악명이 높다. 이를 위험한 줄 알면서도 가까이할 수밖에 없는 화산의 마력 때문이라면 지나친 억측일까?

피오르 상상 여행

그룹 비틀스의 앨범 중 1965년에 발매된 〈러버 솔(Rubber Soul)〉은 가장 뛰어난 앨범으로 꼽힌다. 이 앨범에는 신비로운 느낌을 자아내는 제목의 노래가 있다. 바로 '노르웨이의 숲(Norwegian Wood)'이다. 비틀스 마니아가 아니라면 다소 생소할 수 있는 이 곡은 흥미롭게도 일본 소설가 무라카미 하루키가 제목으로 활용하면서 국내에 널리 알려졌다. 출판사가 번안한 소설의 제목은 『상실의 시대』였지만, 부제인 '노르웨이의 숲'이 사람들에게 더욱 서정적으로 다가왔던 셈이다. 장엄한 풍광이 펼쳐지는 노르웨이에 아름다운 숲을 더하니 신비로운 이야기가 머릿속에 그려질 법하다. 산업화의 절정기에서 비틀스가 그리고자 한 인간의 상실감은 어찌 보면 날것 그대로의 노르웨이의 숲에서 극적으로 대비되었는지도 모른다.

낭랑한 노르웨이의 숲에 가서 자연의 속삭임에 귀를 기울여 보면 어떨까? 조심스레 피오르(fjord)가 다가와 속삭일지도 모를 일이다. 리슨 케어풀리!

장엄한 피오르의 탄생

피오르는 노르웨이어로 '내륙 깊숙하게 들어온 좁고 깊은 만(灣)'이라는 뜻이다. 만은 내륙 쪽으로 들어온 바다를 뜻하므로, 피오르의 포인트는 '좁고 깊은'이다. 세계의 무수히 많은 해안에서도 내륙 깊숙하게 들어올 정도로 좁고 깊어야 피오르라는 거다.

육지 안쪽으로 좁고 깊은 골짜기를 만들 수 있는 핵심 조각칼은 크게 하천과 빙하다. 하천은 오랜 시간 동안 땅의 낮은 자리를 파고들면서 골짜기를 만든다. 물이 운반하는 돌멩이들이 주로 하천의 침식을 담당한다. 하지만 하천은 좁고 깊은 골짜기는 만들 수 있어도, 좁고 깊은 '만'은 만들기 어렵다. 상류의 고지대에선 비교적 강력했던 하천의 칼날이 하류로 갈수록 급격히 무뎌지는 탓이다. 그래서 하천의 하류 또는 하구 일대는 대부분 너른 들판인 곳이 많다. 하지만 빙하라면 사정이 다르다.

오늘날 우리가 관찰하는 빙하의 상당수는 신생대 제4기 마지막 빙기 때 만들어졌다. 약 5만~1만 년 전 사이에 형성된 빙하는 1만 년 전 이후 점차 기온이 오르면서 녹기 시작했다. 이 중 '좁고 깊은 만'의 형성에 관여하는 것은 대륙 빙하다. 대륙 빙하가 녹기 시작하면 대기와 접촉한 부분보다 땅에 접한 면의 녹는 속도가 빠르다. 이런 상태로 일정 시간이 흐르면 빙하의 밑부분이 반쯤 녹은 상태로 서서히 사면을 따라 중력 방향으로 미끄러져 내려간다. 이동 중인 빙하는 엄청난 크기와 무게로 땅을 겁박하며 자신의 결대로 조각해 나간다. 그래서 빙하가 지난 자리에는 U자 형태의 빙식곡이 만들어진다.

빙하는 중력의 힘이 무력화되는 지점인 호수나 바다에 이르러서야 이동을 멈춘다. 빙식곡은 날카롭게 파여 표면이 매끄러운 수직 사면이 주를 이룬다. 빙식곡의 깊이는 빙하의 크기에 비례하는데, 곳에 따라 그 깊이가 수 킬로미터를 넘는 곳도 있다. 빙하는 피오르의 대전제인 좁고 깊은 골짜기를 만들고 생을 마친다. 이제 남은 것은 '만'의 형성이다.

'좁고 깊은 만'이 형성되려면 빙식곡을 따라 바닷물이 깊숙하게 들어와야 한다. 빙하가 길을 낸 골짜기의 길이는 수십 킬로미터에 이른다. 그래서 해수면이 크게 상승해야만 바닷물이 내륙 깊숙하게 들어갈 수 있다. 이러한 변화는 최종 빙기 이후 간빙기가 도래하면서 자연스럽게 연출됐다. 오늘날 세계의 해안선 대부분은 지난 최종 빙기 이후 서서히 해수면이 상승한 결과로 봐도 좋다.

그렇다면 바닷물 높이의 변화 폭은 어느 정도였을까? 해수면 변동 폭은 특정 연구 지역을 기준으로 약 100m 내외로 컸다. 가령 평균 수심이 44m 정도인 우리나라의 황해는 지난 빙기 때 대부분이 육지였다. 그래서 중국이나 일본을 걸어갈 수 있었다. 세계의 피오르 지역은 이와 같은 해수면 변동으로 바닷물이 깊숙하게 들어가면서 만들어졌다. 피오르는 이처럼 다양한 자연지리적 현상이 적절히 융합한 결과물이다.

북반구에서 만나는 〈겨울왕국〉의 송네 피오르

노르웨이는 세계 피오르의 성지이자, 피오르라는 이름의 기원지다. 노르웨이는 국토 대부분이 북위 60도 이상의 고위도에 있어 대륙 빙하가 많다. 이러한 지리적 특징 덕에 노르웨이는 세계 최대 규모의 송네 피오르를 보유하고 있다. 송네 피오르의 비경은 고요하면서도 신비로운 감흥을 일깨운다. 그래서일까? 작가 한스 크리스티안은 피오르를

세계에서 가장 빠른 조류를 만들어 낸 빙하의 힘

피오르 지형 형성 과정은 엄청난 속도의 조류도 만들어 냈다. 노르웨이의 살트스트라우멘은 세계에서 조류 속도가 가장 빠르다. 구글 지도에서 이곳을 검색해 보면, 노르웨이 북서부 해안으로 빠져나가는 좁은 길목임을 알 수 있다. 원리는 간단하다. 지난 빙기 이곳을 누르고 있던 거대한 빙하가 녹아 없어진 자리가 떠올라 해저와 일정 수준의 높이 차가 발생했고, 그 결과로 유속이 더욱 빨라졌다. 더군다나 내륙의 피오르 협곡에서 빠져나온 물줄기가 모이는 곳이니 엄청난 양의 물이 빠르게 이동하려는 움직임이 나타난다. 일정한 두께로 불어오던 바람이 빌딩 숲에서 좁아지며 속도를 올리는 것과 비슷한 이치다.
우리나라 진도의 울돌목 역시 지형 조건은 다르지만 좁은 해협을 들고 나는 조류라는 공통점을 지닌다.

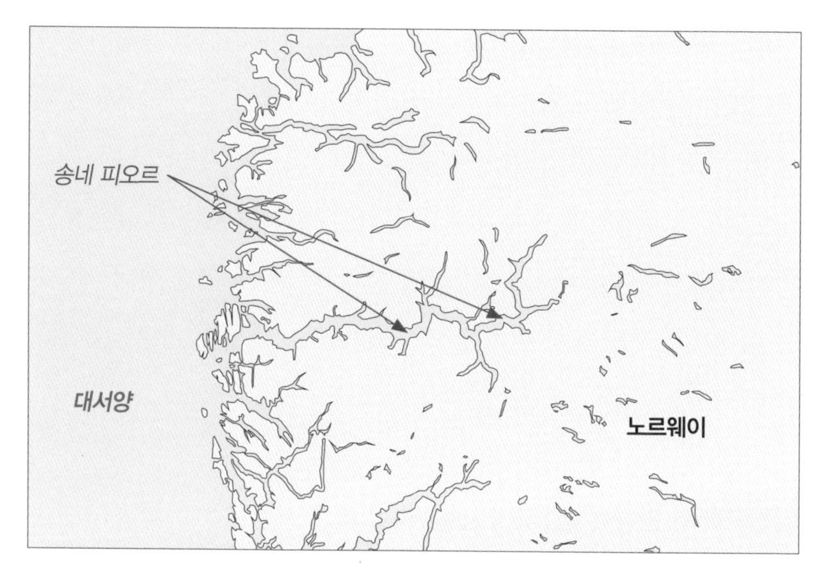

노르웨이 송네 피오르 일대의 지도를 보면 드나듦이 매우 복잡한 피오르 해안선의 특징을 알 수 있다. 프랙털 현상처럼 자기 닮음 현상이 무수히 반복되는 특징이 인상적이다.

모티프로 소설 『눈의 여왕』을 창작한 바 있다. 애니메이션 〈겨울왕국〉은 바로 이 창작물을 모티프로 제작한 작품이다.

〈겨울왕국〉에서 주인공 엘사가 유년기를 보낸 아델렌 왕국은 송네 피오르의 발레스트란드를 토대로 그려졌다. 송네 피오르의 길이는 내륙으로 200km가 넘는다. 피오르의 길이에 걸맞게 깊이도 1km가 넘는 곳이 많고, 수면 위로 드러난 빙식곡의 폭은 수 킬로미터에 달한다.

흥미로운 것은 〈겨울왕국〉의 여러 캐릭터가 송네 피오르의 지리적 특징을 담고 있다는 점이다. 순록 스벤과 멋진 호흡을 보여 준 크리스토프는 스칸디나비아반도의 전통 부족인 사미족이 모델이다. 엘사의 마법으로 탄생한 눈사람 올라프는 북극권과 가까운 지리적 특징 덕에 영화 내내 몸을 온전히 유지할 수 있다. 영화에서 간간이 등장하는 오색 창연 오로라는 피오르의 경관을 더욱 신비롭게 만드는 훌륭한 감초다.

이렇듯 노르웨이의 송네 피오르에 가면 영화 그 이상의 감동을 추억에 담을 수 있다. 피오르 크루즈에 오르면 노트와 펜을 꺼내 사랑하는 이에게 편지를 써 볼 일이다.

남반구에서 만나는 〈반지의 제왕〉의 밀퍼드 사운드

뉴질랜드는 노르웨이 못지않게 아름다운 풍광으로 사랑받는 나라다. 뉴질랜드는 크게 북섬과 남섬으로 나뉜다. 두 섬은 같은 나라지만 땅의 성격이 정반대다. 저위도에 있는 북섬은 기후가 온화하여 영국의 식민지 시절부터 인구가 모여 살았고, 화산활동도 활발하여 관광지로도 인기다. 그래서 수도 웰링턴을 비롯하여 오클랜드, 타우랑가 등 주요 대도시는 북섬에 있다. 이에 비해 남섬은 상대적으로 고위도에 있어 춥다. 북섬보다 거주 여건이 좋지 않아 크라이스트처치를 제외하곤 이렇다 할 도시가 눈에 띄지 않는 것도 특징적이다. 하지만 인간의 관심에서 소외되는 일은 자연환경의 입장에선 이로운 일이다. 뉴질랜드 남섬에서는 날것 그대로의 건강한 피오르를 만날 수 있어서다.

지도를 보면 노르웨이 서부와 뉴질랜드 남섬의 서쪽 해안이 마치 데칼코마니처럼 닮았다. 구체적으로 짚자면 노르웨이의 스칸디나비

(왼쪽) 노르웨이 송네 피오르 경관
(오른쪽) 뉴질랜드 밀퍼드 사운드 피오르 경관

아산맥 서쪽, 뉴질랜드 남섬의 서던알프스산맥 서쪽 해안이다. 이들 지역의 지리적 공통점은 피오르다.

남섬에서도 남위 40도 이상의 지역에서는 선명한 피오르의 모습을 확인할 수 있다. 이곳의 대표 관광지는 피오르 랜드의 밀퍼드 사운드다. 밀퍼드 사운드는 노르웨이의 발레스트란드와 매우 비슷한 지리적 배경을 가지고 있다. 그래서 두 지역의 경관은 닮은꼴이다. 스마트 기기를 이용해 두 지역의 사진을 검색해 보면 경관이 얼마나 유사한지 실감할 수 있다.

송네 피오르에서 〈겨울왕국〉이 피어났다면 밀퍼드 사운드에선 〈반지의 제왕〉이 꽃을 피웠다. 앞서 이야기했듯 피오르의 신묘한 경관은 상상력을 자극하는 매력이 있다. 그래서 밀퍼드 사운드가 〈반지의 제왕〉 촬영지로 선택된 것은 우연이 아니다. 부드럽고도 날카로운 빙식곡이 병풍처럼 늘어선 밀퍼드 사운드! 피오르 너머엔 또 다른 세상이 펼쳐지리라는 묘한 기대가 인다. 언젠가 밀퍼드 사운드를 방문한다면 한 가지를 기억하자. 밤하늘을 올려다보자는 거다. 신비로운 오로라를 만날 수 있는 것은 피오르의 또 다른 선물이니까 말이다.

'피오르 사촌' 리아스

피오르는 지난 빙기 빙하가 융성했던 고위도 지역의 해안에서만 나타난다. 앞서 살펴본 지역 외에도 칠레 남부 해안, 그린란드 해안, 알래스카 남부 해안, 캐나다 북서부 해안에서도 피오르를 만날 수 있다. 이들 지역은 빼어난 경관 덕에 국립공원 등 관광 명소가 많다는 공통점이 있다. 구글어스의 파노라마 뷰로 주변 경관을 살펴보면 빙식곡이 펼쳐 낸 협만의 아름다움을 감상할 수 있다. 세계의 피오르 경관은 위치와 규모의 차이가 있을 뿐, 본질적인 속성은 같다. 이쯤 되면 남·북위 50도 주변의 고위도 지역의 복잡한 해안선을 보고 자신 있게 피오르라고 말해도 좋을 것 같다.

마지막으로, 우리나라에도 피오르가 있을까? 아쉽게도 없다. 한반도는 북위 33~43도에 걸쳐 있는 중위도 지역이어서 큰 규모의 빙하가 만들어지기 어려운 환경이다. 그래서 빙하가 머문 흔적은 북한 개마고원 일대에서 소규모로 확인되는 정도가 전부다. 하지만 피오르를 대체할 수 있는 훌륭한 지형 경관이 있다. 바로 리아스(rias)다.

전라남도 해남에 위치한 도솔암에 오르면 파노라마처럼 펼쳐진 아름다운 리아스 해안을 만난다.

우리나라의 리아스 해안은 서·남해의 복잡한 해안선 지역을 일컫는다. 리아스 해안은 오랜 시간 동안 하천이 깎은 골짜기 사이로 후빙기에 물이 차오르면서 만들어졌다. 그래서 만의 드나듦이 복잡하다. 형성 과정만 놓고 보면 리아스 해안은 피오르와 공통분모가 많다. 굳이 차이점을 꼽자면 골짜기를 깎아 낸 주체가 하천이라 계곡의 모양이나 물의 깊이 등 경관 요소가 다른 것뿐이다. 그래서 리아스 해안은 피오르와 비슷하면서도 다른 느낌을 연출한다.

기회가 되면 전라남도 해남의 도솔암에 올라 볼 일이다. 도솔암에 오르면 여러 섬과 복잡한 해안선 그리고 푸른 바다를 모두 가진 아름다운 리아스 해안을 한눈에 담을 수 있다.

베트남에서 만나는 델타, 메콩 삼각주

그리스 문자의 넷째 자모는 알파(A/α), 베타(B/β), 감마(Γ/ν)에 이은 '델타(Δ/δ)'이다. 우리에게 익숙한 로마자 알파벳 'D/d'가 델타 자모에서 비롯된 것이다. 델타는 여느 그리스 문자와 마찬가지로 여러 학문에 활용된다. 수학의 '변수', 물리학의 '변화량', 화학의 '유기화합물', 뇌과학의 '뇌파'를 설명할 때 쓰이는 문자가 델타다. 나아가 델타는 삼각형 모양의 기호 덕에 지리학에서 남다른 활용처를 갖는다. 바로 '삼각주(三角洲, delta)'다. 델타는 기원전 5세기경 그리스의 역사가인 헤로도토스(Herodotos)가 나일강 하구의 퇴적 지형을 보고 대문자 델타(Δ)와 닮았다고 하여 붙인 이름이다. 델타는 문자의 형상만으로 지리학 용어가 된 사례다.

미국의 델타 항공, 이집트 델타 문명, 베트남의 메콩 델타 등을 생각해 보면 델타가 인류와 얼마나 밀접한지 알 수 있다. 그렇다면 오늘 살펴볼 지리적 델타에는 어떤 의미가 숨어 있을까? 이번 시간에는 '포스트 차이나'로서 우리나라의 훌륭한 경제적 동반자가 된 베트남의 메콩 델타로 떠나 볼 것이다. 나일 델타가 더 유명하지 않냐고? 굳이 멀리 갈 필요가 뭐 있는가? 가까운 게 최고지. 물론 구글어스로 떠날 테지만.

'밀고 당기기'의 결과물, 델타

구글어스에 접속해 검색창에 '메콩 델타'를 입력해 보자. 구글어스 엔진은 베트남과 캄보디아 국경 언저리에 있는 메콩강 삼각주로 향할 것이다. 안내받은 곳은 베트남에서 가장 큰 도시 호찌민으로부터 남서쪽으로 넓게 돌출한 평원 지대다. 그곳이 바로 메콩 델타다.

메콩 델타는 메콩강 하구에 발달한 퇴적 삼각주다. 하구(河口)는 강어귀, 말 그대로 '강물이 바다로 흘러가는 어귀'를 뜻한다. 이렇듯 델타는 강이 바다와 만나는 곳에서 형성된다. 하구는 강과 바다라는 이질적인 두 요소가 만나는 곳이라 한바탕 둘의 힘겨루기가 벌어진다. 강이 바다를 밀어내면서 상류로부터 운반한 물질을 잘 정착시키면 델타가 빠르게 형성될 수 있고, 반대로 바다가 강을 밀고 올라와 그 물질을 많이 빼앗아 가면 퇴적물이 정착하기 어렵다. 델타는 이런 '밀고 당기기' 중에서도 강이 좀 더 주도권을 쥐고 있을 때 잘 형성된다. 강이 공급하는 물질이 곧 델타의 몸이 되기 때문이다.

만약 강과 바다 가운데 어느 한쪽이 작정하고 끝을 보겠다면 어떨까? 그렇게 되면 헤로도토스가 말한 부채꼴(Δ)을 갖추기는 어렵다. 강의 힘(퇴적력)이 너무 세면 물질이 '새의 발 모양(Ψ, 프시)'으로 뻗어 나갈 것이고, 바다의 힘(침식력)이 너무 강하면 델타의 형성 자체가 불가능해진다. 이런 관점에서 보면 메콩 델타는 '잘생겼다'. 캄보디아의 수도 프놈펜을 기점으로 아름답고 커다란 부채꼴을 갖췄기 때문이다. 잘생긴 메콩 델타는 강에 좀 더 주도권이 있는 '적절한 밀당'의 결과물이라고 할 수 있다.

델타의 규모와 물줄기 파헤치기

지리인(地理人)에게 땅의 형상은 중요한 공붓거리다. 지도를 보면 메콩 델타의 남다른 넓이와 현란한 물줄기가 눈에 띄는데, 먼저 눈에 들어오는 건 넓이다. 델타를 관류(貫流, 어떤 지역을 꿰뚫어 흐름)하는 메콩강은 티베트고원에서 발원한다. 메콩강은 세계적인 규모의 강으로, 그 길이가 4,350km에 이른다. 큰 강이기에 하구로 공급되는 물질의 양도 많다. 공급 물질이 많으니 쌓이는 것도 많을 수밖에 없다. 그래서 메콩 델타는 넓다.

답이 너무 간단한 것 아니냐고? 정말 이게 전부다. 더구나 큰 강은 밀어내는 힘이 강한 편이다. 이 힘이 '밀당'의 과정에서 바다 쪽으로 더 많은 자리를 확보할 수 있게 한다. 세계적 규모의 강인 아마존강,

미시시피강도 그렇다. 큰 강은 바다로 흘러들어도 그 안에서 물길의 흐름을 일정 정도 유지할 수 있다. 그래서 메콩 델타는 지금도 성장 중이다.

다음으로 메콩 델타의 물줄기들을 알아보자. 메콩강의 물줄기는 델타에 이르러 크게 아홉 갈래로 나뉜다. 현지인들이 '메콩'을 '아홉 개의 용'이라는 뜻의 '끄우롱(Cửu Long, 九龍)'이라고 부르는 건 바로 이 때문이다. 크게 아홉 갈래라고 말했지만, 지도를 확대해 세어 보면 물줄기 수가 헤아릴 수 없을 정도로 많다. 메콩강이 델타에 이르러 급격히 새끼를 치는 이유는 뭘까?

고원에서 발원한 메콩강은 주어진 물길을 따라 유유히 흘러내린다.

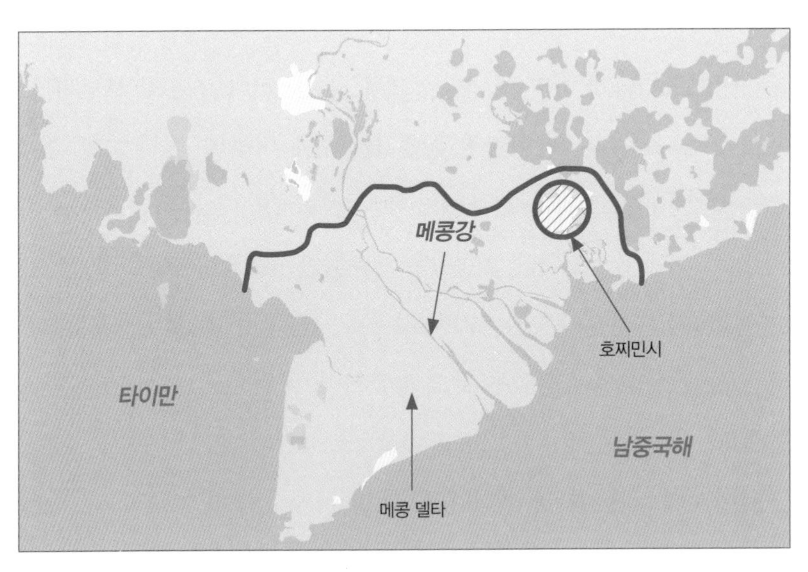

인도차이나반도 남쪽 끝자락의 메콩 삼각주는 현재도 성장하고 있다. 하천의 물질 공급이 활발한 곳에서 거대한 삼각주가 발달할 수 있다.

나일강 삼각주와 미시시피강 삼각주

나일강 삼각주는 나일강 하구에 만들어진 부채꼴 모양의 퇴적 지형이다. 나일강의 주된 수원지는 발원지다. 적도 부근의 발원지에서 꾸준히 공급되는 물로 나일강 하구의 삼각주는 비옥하다. 그래서 고대 문명의 발상이 가능했다.
흥미로운 것은 나일강 삼각주와 미시시피강 삼각주는 같은 삼각주지만, 결이 다르다는 점이다. 미시시피강 삼각주는 미국 중부 지역에서 막대한 양의 퇴적물을 멕시코만으로 공급한다. 그래서 물질의 공급량이 너무 많아 미처 바다가 물질을 제거하기도 전에 새로운 물질이 쌓인다. 그렇게 확장해 가는 삼각주의 모양은 마치 새의 발가락처럼 좁고 길다. 나일강 삼각주가 안정적인 퇴적물 공급으로 이상적인 부채꼴 모양인 반면, 미시시피강 삼각주는 퇴적물의 과잉 공급으로 모양이 독특해진 셈이다. 실제로 세계 도처의 삼각주는 이름처럼 이상적인 부채꼴 모양을 갖는 경우가 드물다.

그러다가 이내 하구에 이르러, 바다를 향해 열린 델타를 만난다. 델타에는 퇴적물이 많이 쌓여 있어서 상류보다 수심이 얕다. 그래서 강물의 속도가 급격히 느려진다. 델타 앞에서 잠시 머뭇거리던 강물은 뒤에서 밀려드는 후발주자들의 성화를 이기지 못하고, 마침내 본류(本流) 이탈을 감행한다. '분류(分流)', 즉 물줄기가 갈라지게 되는 것이다.

이것이 메콩강의 물줄기가 수백 개로 나뉜 이유다. 메콩강은 상류부터 시작해 여러 갈래의 물줄기를 하나로 모으며 내려왔지만, 하구에서는 모은 물줄기를 도로 나눈다. 이런 분류 현상은 규모와 개수를 달리할 뿐, 모든 델타에서 자연스럽게 나타난다. 강이 크니까 델타가 넓은 것이고, 모은 물이 너무 많으니 나눈 것뿐이다. 자연의 관점에서 '노블레스 오블리주'는 윤리적 선택이 아닌 당위다.

생물 다양성의 보고, 메콩 델타의 지리적 비밀

메콩 델타는 그 크기에 걸맞게 품도 넓다. 코스타리카의 열대림처럼 생물 다양성이 높다는 뜻이다.

메콩강은 중국의 티베트고원에서 발원해 인도차이나반도를 남북으로 관류하며 수많은 물줄기를 모은다. 메콩강의 지류는 내륙 산지에서 쪼개져 흘러내린 작은 알갱이를 끊임없이 본류에 공급한다. 인도차이나반도에는 선캄브리아대(약 46억 년 전~약 5억 7,000만 년 전)부터 신생대(약 6,500만 년 전~현재)에 걸쳐 형성된 다양한 암석이 공존하고 있다. 그러니 공급 물질에 포함된 광물질의 종류도 다양하다. 여러 유역에서 본류로 모인 물질들의 종착지가 바로 메콩 델타라는 거다. 그래서 델타는 광물질의 밀도가 높다. 델타의 생태 잠재력이 높은 첫 번째 이유다.

기후의 역할도 있다. 이 지역은 몬순(monsoon, 계절풍)의 영향을 받는다. 일 년에 두 차례 내륙과 바다에서 탁월한 바람이 교차하며 불어온다. 북동 계절풍의 영향을 받는 겨울(11월~4월)은 건기(乾期), 남서 계절풍의 영향을 받는 여름(5월~10월)은 우기(雨期)다. 메콩강은 수위(水位)가 계절에 따라 15m 안팎으로 달라진다. 그리고 우기에는 '범람'한다. 범람의 규모가 어느 정도인지는 캄보디아의 톤레사프호를 보면 실감할 수 있다. 동남아시아 최대의 민물 어장인 톤레사프호는 우기 때의 면적이 건기 대비 3배나 된다. 이는 제주도 정도의 넓이가 전라북도가 되는 변화 수준에 해당한다. 호수 유량의 증감은 바로 우기 때 메콩강의 역류를 통해 빚어지는 현상이다. 메콩강 중류인 톤레사프호의 상황

무수히 많은 줄기로 나뉜 메콩강 사이로 인간이 다양한 삶의 터전을 마련해 생활하고 있다.

이 이러하니 강 어귀인 메콩 델타의 변화는 말하지 않더라도 쉽게 짐작할 수 있다.

몬순에 의해 일어나는 메콩강의 범람은, 역설적으로 델타에는 축복이다. 범람은 오랜 기간 반복된 연례행사다. 홍수 덕분에 델타 지역의 농경지와 수중 생태계는 고르게 담수 영양분을 섭취했다. 나아가 바다와 이웃한 델타에는 연근해(육지에 가까이 있는 바다)의 영양염류가 더해져서 '융합 생태계'가 조성될 수 있었다. 메콩 델타는 담수와 염수 생명체가 두루 살아갈 수 있는 조건을 갖춘 셈이다. 이 점이 메콩 델타가 아마존강 유역 다음으로 높은 생물 다양성을 자랑하는 두 번째 이유이자 지리적 비밀이다.

메콩 델타에 기대어 사는 사람들

오늘날 유명 관광지로도 이름을 떨치고 있는 메콩 델타. 그래서인지 포털 사이트에서 '메콩 델타'를 검색하면 관광상품을 소개하는 게시물이 줄지어 나온다. 그중에서도 관광객들에게 특별히 인기가 있는 곳은 '까이랑 수상시장'이다.

앞서 살펴봤듯 메콩 델타에는 '아홉 개의 용'을 비롯한 무수히 많은 물줄기가 수놓아져 있다. 그러니 현지인들은 수상가옥을 짓거나 아예 보트에서 살아가는 경우가 많다. 이들이 매일 새벽에 모여서 물건을 사고파는 수상시장은 외지인들에겐 그 자체로 풍성한 볼거리다. 각종 민물고기와 망고, 파파야, 바나나, 파인애플, 코코넛 등의 농산물을 비롯해 쌀국수, 바인미(bánh mì, 베트남식 바게트 샌드위치), 베트남식 연유 커피에 이르기까지 판매 품목을 헤아리기 어려울 정도다. 델타의 비옥한 토양과 몬순에 적응한 사람들이 펼치는 수상시장의 역동적인 풍경은 메콩 델타의 생물 다양성을 웅변한다.

잠시 시선을 옆으로 돌리면 벼농사를 짓거나 새우 양식업에 종사하는 이웃도 만나 볼 수 있다. 메콩 델타는 베트남 전체 논 면적의 절반을 차지하고 쌀 수출량의 90%를 감당하는 지역이다. 비옥한 델타와 습윤한 몬순 기후는 베트남을 세계적인 쌀 수출국 지위에 올려놨다. 연중 더운 열대 기후 덕에 삼모작도 가능하다. 앞집이 추수할 때 뒷집은 모내기하는 진풍경이 이곳에서는 일상다반사다. 잠시 이웃 국가를 돌아보면 방글라데시의 갠지스 델타, 미얀마의 이라와디 델타, 타이의

메콩강 삼각주의 수상시장은 바다와 육지의 각종 농수산물을 파는 상인들이 모여 북새통을 이룬다.

짜오프라야 델타도 사정이 다르지 않다. 이들 모두는 쌀 대국이라는 공통점이 있다. 이쯤 되면 '델타+몬순=벼농사'라는 공식을 만들어도 좋을 법하다.

델타를 위협하는 것들

국제하천인 메콩강은 세계에서 열두 번째로 길다. 티베트고원에서 시작한 메콩강은 중국 윈난성을 거쳐 미얀마, 라오스, 타이, 캄보디아, 베트남 등 6개국의 땅을 적시며 유유히 흐른다. 그래서 메콩강에는 수많은 댐이 건설됐고, 지금도 건설 중이며, 앞으로도 건설될 예정이다.

2018년 세계적인 이슈로 떠오른 '라오스 댐 붕괴 사고'도 메콩강 지류에서 일어났다. 1990년대 메콩강의 최상류 국가인 중국에서 시작된 댐 건설사업은 중하류 국가로 퍼져 나가 2030년까지 무려 70여 개의 댐이 더 지어질 예정이라고 한다. 댐을 많이 건설하려는 까닭은 건기 때의 수자원 확보와 전력 생산이라는 두 마리 토끼를 잡기 위해서다.

하지만 메콩강은 주요 혈관마다 들어선 댐 때문에 혈액 순환이 어려워지고 있다. 이른바 동맥경화가 진행 중인 셈이다. 하구로 물질 공급이 차단되면 델타는 쇠퇴할 수밖에 없다. 위협을 느낀 델타의 농부들은 울며 겨자 먹기로 논을 개조해 새우 양식장을 조성하고 있다. 그마저도 여의치 않으면 논을 헐값에 팔고 대도시로 이주해 도시빈민의 삶을 선택한다. 델타의 변화 속도가 얼마나 빠른지 알려 주는 사례다.

설상가상으로 지구 온난화에 따른 기후 변화는 안 그래도 병세가 심각한 메콩 델타의 저승사자를 자처하는 상황이다. 전문가들은 "가뭄이 잦아지고 해수면이 상승하는 현재 추세가 이어지면 머지않아 델타가 사라질 것"이라고 입을 모은다.

그런 맥락에서 '코코넛 슈림프 라이스'에 유독 눈길이 간다. 코코넛 슈림프 라이스는 쌀밥의 구수함, 코코넛의 단맛에 새우의 감칠맛이 더해진 델타 여행의 별미다. 모든 재료가 메콩 델타에서 조달됨은 물론이다. 이 음식에는 메콩 델타의 과거·현재·미래가 버무려져 있어 눈길이 간다. 과거의 논이 현재의 새우 양식장이 되고, 훗날 코코넛이 델타의 소멸로 사라질 수 있어서 그렇다. 코코넛 슈림프 라이스의 존속은 메콩 델타의 존속과 무관하지 않은 셈이다.

바다 곁 모래밭의 비밀

오랫동안 우주 탐사는 국가 고유의 영역이었다. 하지만 일론 머스크의 스페이스 X가 기어코 인간을 대기권 밖으로 보내면서, 오랜 고정관념이 깨졌다. 일론 머스크의 최종 목표는 인류를 화성에 이주시키는 것이다. 그래서 그는 사막을 눈여겨보았다. 사막의 환경 조건이 화성과 비슷한 면이 많아서다. 스페이스 X는 화성과 가장 유사한 장소로 이스라엘의 네게브 사막을 꼽았다. 그곳에서 다양한 실험을 통해 화성에서의 시행착오를 줄이고자 노력하고 있다.

그러고 보니 화성을 다룬 영화 〈마션〉의 촬영지도 네게브 사막과 멀지 않은 와디럼 사막이다. 우주 영화의 고전 〈스타워즈〉도 미국 서부의 데스밸리 사막에서 촬영되었다. 사막은 외계를 표현할 때 단골 무대로 활용돼 온 적지다.

이들 사막 가운데서도 바다를 곁에 둔 해안 사막은 큰 호기심을 자극한다. 그곳에 가면 '물 반 모래 반'의 이색 경관을 만날 수 있다. '모래 반'의 형성 과정엔 어떤 지리적 비밀이 숨어 있을까?

해안 사막의 탄생

사막을 뜻하는 영어 '데저트(desert)'를 라틴어로 풀면 '버려진 땅'이다. 물이 극도로 부족한 사막은 문명을 일구려는 인류에게 좋은 선택지가 아니었다.

사막 지역에 물이 부족한 것은 근본적으로 비가 거의 오지 않아서다. 바다를 곁에 둔 해안 지역에 비가 오지 않는 것은 선뜻 이해하기 어렵다. 수증기가 충만한 바다 곁에 나란히 누운 메마른 땅이라? 이에 관한 이해는 세계 굴지의 사막을 빚어내는 아열대 고압대와 닿는다.

아열대 고압대란 문자 그대로 아열대 지역의 고기압대를 뜻한다. 아열대는 남·북위 25~30도 근처의 지역이고, 고압대는 고기압이 띠처럼 펼쳐져 있어 연중 하강기류가 탁월한 영역이다. 적도 일대의 수증기는 연중 태양 에너지의 십자포화를 받아 여의주를 품은 용처럼 하늘로 오른다. 대기권의 끝자락까지 솟아오르던 수증기 일부는 응결고도에 이르러 비가 되어 다시 대지로 돌아간다. 이들 중 비가 되지

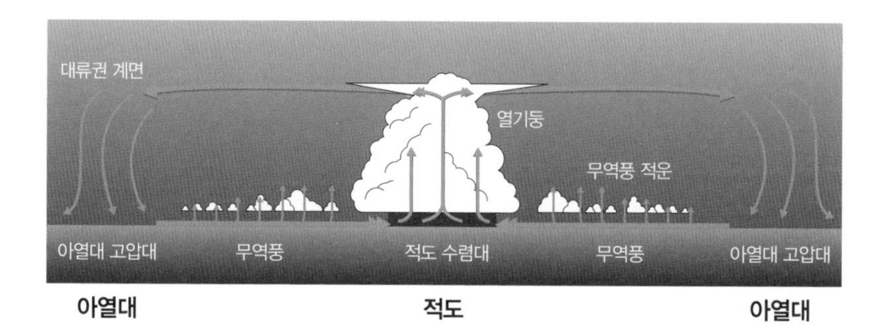

아열대 고압대는 적도에서 꾸준히 상승한 공기가 고위도로 이동하는 중 건조해져 연중 하강기류가 탁월한 구간을 일컫는다. 아열대 고압대의 영향을 받는 곳은 극히 건조한 대기 환경이 나타난다.

못한 공기는 상대적으로 기압이 낮은 자리를 찾아간다. 그 공기가 집중적으로 떨어지는 구간이 바로 아열대 고압대가 만들어지는 자리다. 그래서 아열대 고압대 지역은 연중 하강기류가 탁월하다. 이러한 조건에선 제아무리 바다 곁이라도 비구름이 만들어지기 힘들다.

아열대 고압대에 차가운 한류가 더해지면 그야말로 최악의 건조 환경이 조성된다. 이른바 해안 사막이 만들어지는 것이다. 일반적으로 고위도에서 적도를 향해 흐르는 한류는 연중 해안을 훑고 올라간다. 그래서 한류가 지배하는 연안의 대기는 매우 차다. 찬 공기는 밀도가 커서 해안 주위의 대기를 안정시킨다. 이런 조건에선 공기 섞임인 대류 현상이 잘 일어나지 않는다. 바다에서 공급된 수증기가 일정한 구름을 만들려고 하면 건조한 하강기류가 이를 방해한다. 일정 수준의 물방울이 모이면 바로 제거해 버리는 자동차의 레인 센서 같다고 할까? 이와 같은 천연 레인 센서는 1년 내내 작동한다. 연속적인 비구름

바다 바로 곁에 위치한 사막의 경관은 보는 사람에게 이색적인 풍광으로 다가온다.

의 소거는 사막의 탄생으로 이어진다.

정리하면, 아열대 고압대가 지배하는 해안에 강한 한류가 더해지면 극도로 비가 오지 않는 환경이 조성된다.

해안 사막의 대부, 아타카마 사막

세계에서 가장 건조한 사막이라는 타이틀은 남아메리카 대륙의 아타카마 사막이 쥐고 있다. 아타카마 사막은 남극을 제외하면 가장 건조한 지역으로 꼽힌다. 아타카마 사막의 연평균 강수량은 15mm 정도다. 세계의 연평균 강수량이 약 900mm인 것에 비춰 보면 극히 적은 양이다.

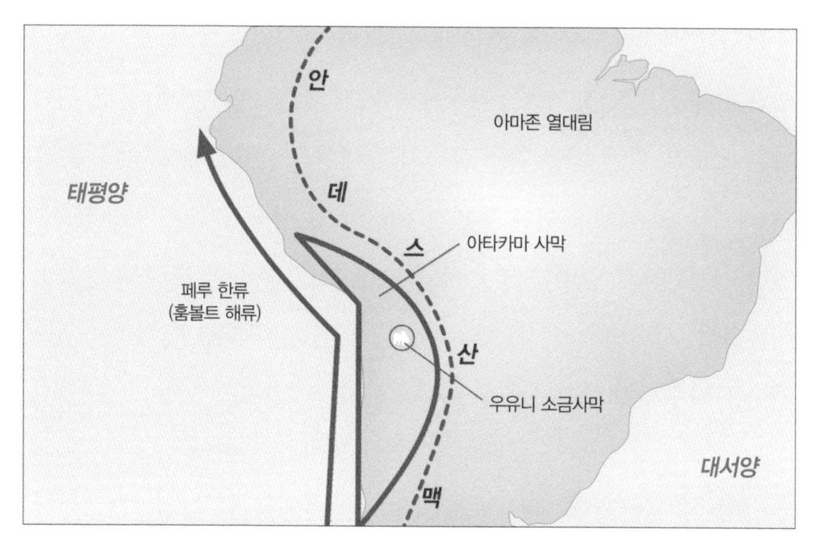

남아메리카 대륙의 아타카마 사막은 아열대 고압대와 강한 한류의 조합으로 극히 건조하다. 아마존 열대림 방향에서 북동풍이 불어와도 안데스산맥에 가로막혀 건조한 바람이 되어 넘어가는 이중고를 겪는 지역이 바로 아타카마 사막이다.

하지만 이마저도 여러 관측 지점의 평균값이다. 수년 동안 비 한 방울 내리지 않는 곳이 부지기수라는 거다.

아타카마 사막은 앞서 정리한 아열대 고압대와 한류의 조합으로 탄생했다. 아타카마 사막은 연중 하강기류가 탁월한 남위 25~30도 사이에 걸쳐 있다. 여기에 훔볼트 한류라는 막강한 지원군이 해안을 장악하면서 사막이 만들어졌다. 설상가상으로 겨울철 안데스산맥을 넘어 아타카마 사막 쪽으로 불어오는 바람은 고온 건조하다. 거대한 안데스산맥이 푄 현상을 일으켜 비그늘 효과를 주어서다.

아프리카 대륙에도 같은 원리로 나미브 사막이 만들어졌다. 나미브 사막은 아열대 고압대와 벵겔라 한류가 빚은 해안 사막이다.

건조한 사막에도 봄은 오는가? 아타카마 사막은 뜻밖의 이벤트로 세간의 주목을 받고 있다. 가장 눈여겨볼 것은 '불모지의 꽃밭'이다. 빠른 속도로 진행 중인 지구 온난화는 이따금 훔볼트 한류의 기를 꺾어 대기를 교란한다. 이때 수년간 내려야 할 강수가 몰아치는 경우가 있다. 적은 양의 단비는 땅속에 웅크려 있던 씨앗의 발아를 돕는다. 이름하여 '사막의 꽃밭'이 만들어지는 것이다. 이따금 펼쳐지는 꽃의 향연은 지구 온난화가 선물한 아타카마의 역설이다.

또 다른 바다 곁 모래밭, 해안 사구

인도차이나반도의 베트남에도 '바다 곁 모래밭'이 있다. 호치민에서 동쪽으로 달리면 무이네 사막을 만난다. 무이네 관광은 베트남 관광객에게 제법 익숙한 이름이다. 무이네가 널리 알려진 데는 해안 사막의 공이

어디부터 어디까지가 사막일까?

사막의 범위는 포괄적이다. 우리에게 익숙한 사하라 모래사막의 경관이 사막의 전부가 아니다. 사막은 지리적으로 연 강수량이 250mm 미만인 곳, 식생이 자랄 수 없는 곳 등 몇 가지 조건을 통해 구분하는데, 이런 곳은 유명 사막 말고도 제법 많다. 대표적으로 극지방이 이에 해당한다. 극지방은 앞선 조건을 모두 만족함에도 대개는 사막이라 인식하지 않는 경우가 많다. 하지만 지리적으로 보면 극지방도 사막이다. 그리고 사막은 모래만 있지 않다. 기반암이 쪼개지는 양상에 따라 점토질로 구성된 곳도 있고, 자갈로 이루어진 곳도 있다. 최근 화성이나 우주를 다룬 영화 촬영지가 대부분 사막인 것은 이와 같은 사막의 환경 조건과 무관하지 않다.

일본 혼슈에 자리한 돗토리 해안 사구는 바다와 모래밭이 어우러진 멋진 풍경을 자랑한다.

크다. 하지만 무이네 사막은 엄밀히 말해 사막이 아닌 해안 사구다.

무이네 해안 사구는 바닷바람이 해변의 모래를 일정한 공간으로 실어 나르면서 형성되었다. 무이네 일대는 베트남에서 연평균 풍속이 강한 곳으로 손꼽힌다. 특히 여름철 몬순의 영향을 받는 시기엔 바람의 힘이 더욱 강력해진다. 강력한 바람은 해변의 모래를 날라 엄청난 규모의 사구를 만들었다. 이곳의 관광객은 끝없이 펼쳐진 모래 언덕 위에서 연이어 카메라 셔터를 누른다. 수평선과 맞닿은 부드러운 능선의 사구에 올라서면 파란 하늘에 바다를 이은 인생 사진을 남길 수 있어서다.

동북아시아의 일본에도 만만치 않은 규모의 돗토리 해안 사구가 있다. 돗토리는 일본 열도 혼슈에 위치한다. 일본은 겨울철에 강한 북서풍이 불어온다. 탁월한 바람결에 해안의 모래가 담기니 어김없이 해안 사구가 만들어진다. 그래서 혼슈의 서쪽 해안에는 크고 작은 사구가 즐비하다.

사구의 몸을 이루는 해변의 모래는 대부분 화강암의 풍화 물질에서 공급되는 경우가 많다. 예상했던 대로 돗토리 사구가 기댄 주코쿠 산맥의 주된 기반암은 화강암이다. 돗토리 사구의 규모가 비슷한 조건의 다른 지역보다 큰 것은, 이처럼 사구의 몸을 형성하는 모래 공급이 다른 지역보다 탁월해서다. 일란성 쌍둥이의 성장이 다른 것처럼 지리적 조건이 조금만 달라도 사구의 규모는 각양각색이다.

바다 곁 모래밭 사람들

사막에도 사람은 산다. 사막에 기댄 사람의 최우선 해결 과제는 물이다. 내륙의 건조 사막에선 오아시스를 통해 물을 얻는 경우가 많다. 하지만 해안 사막은 조금 특별한 방법으로 물을 얻고 있다. 바로 안개다.

한류가 흐르는 아타카마 사막 일대는 대기와 수면의 온도 차로 안개가 자주 낀다. 선주민들은 안개를 물로 만들 수만 있다면 물 문제를 해결할 수 있으리라 보았다. 궁즉통! 그들은 오랜 관찰과 노력 끝에 안개를 물로 만들 수 있는 장치를 고안했다. 새벽녘 잎사귀나 거미줄에 맺힌 이슬을 보고 촘촘한 그물을 만들어 안개를 물방울로 만든 것이다. 오늘날 해안 사막에 도전하는 서바이벌 참가자는 이와 같은 원리를 응용한 이동식 안개 그물을 이용해 물을 모으고 있기도 하다.

그렇다면 해안 사구에 기댄 사람들은 어떻게 생활할까? 무이네와 돗토리 해안 사구는 아열대 및 온대 기후에 해당하는 지역이라 강수량이 풍부하다. 기본적인 의식주 해결에 문제가 없는 기후 조건인지라, 이들 해안 사구는 일찍부터 관광지로 개발되었다.

해안 사구 지역은 바람도 탁월하니 풍력 발전도 가능하지 않을까? 지리적 '뇌피셜'을 검증하기 위해 지도를 살펴보면, 역시나 대단위로 조성된 풍력 발전 단지가 눈에 들어온다. 인간이 건설한 해상 풍력 발전 단지는 자연이 빚은 해안 사구와 만나 색다른 경관을 연출한다.

반나절 거리에서 찾는 바다 곁 모래밭

바다 곁 모래밭은 우리나라에도 있다. 충청남도 태안군 원북면 신두리에는 하늘과 바다를 잇는 제법 큰 규모의 해안 사구가 펼쳐진다. 앞서 살펴봤듯, 해안 사구가 있는 곳은 탁월한 바람과 풍부한 모래 공급이라는 두 가지 조건을 만족해야 한다. 신두리 사구 일대는 이러한 지리적 조건을 완벽히 충족한다. 태안반도는 서해 쪽으로 불쑥 나와 있다. 그래서 북서 방향에서 불어오는 바람에 정면으로 맞선다. 지형의 생김새도 남다르다. 마치 포수 글러브처럼 생겼다. 이곳은 포수가 야구공을 잡듯 바람을 타고 온 모래를 충실히 잡아 낸다.

황해는 조수간만의 차가 커서 갯벌의 발달이 탁월한 지역이다.

그래서 해안에는 모래보다 점토의 비중이 크다. 그렇다면 신두리 사구의 모래는 어디서 왔을까? 이럴 땐 앞서 살펴본 주변 산지의 주된 기반암을 떠올리면 된다. 역시나 모래 공급이 탁월한 화강암이다!

바람이 탁월한 지역이니 풍력 발전도 가능하지 않을까? 예측은 맞았다. 정부는 태안반도 일대에 대규모의 풍력 발전 단지를 예정하고 있다.

이렇게 보니 신두리 사구는 세계의 해안 사구와 여러모로 닮았다. 유사한 지리적 조건에선 국적을 가리지 않고 닮은꼴 경관이 나타나는 경우가 많다.

프랑스 파리의 진주 시테섬

프랑스 파리는 '낭만의 도시'로 통한다. '세계 최고 도시'를 평가하는 순위에서도 최상위권에 속하며 문화와 역사의 상징성도 깊다.
파리의 대표적인 랜드마크로는 에펠탑과 개선문, 샹젤리제가 꼽힌다. 하지만 노르트담 대성당이야말로 도시의 역사성에 더욱 힘을 실어 주는 성소(聖所)다. 1345년경 완성된 이 성당은 파리 시민과 오랜 세월을 함께하며 그 나이에 걸맞은 무수한 이야깃거리를 간직하고 있다. 뮤지컬 〈노트르담의 꼽추〉(원작 『파리의 노트르담』) 이야기를 차치하더라도, 나폴레옹이 황제 대관식의 장소로 이곳을 택했다는 사실은 노트르담 대성당이 얼마나 큰 상징성을 지니는지 단적으로 알려 준다.
그런데 1,000년 가까운 시간 동안 쌓아 온 노트르담 대성당의 공간적 특성(장소성)은 최근 예상치 못한 화재로 일순간에 타격을 입고 말았다. 거대한 첨탑과 성당 지붕이 무너져 내리는 장면은 마치 영화의 특수효과인 양 비현실적으로 다가왔다. 2019년 4월 15일, 수많은 파리 시민은 강 건너 불 보듯 대성당의 화재를 넋 놓고 바라볼 수밖에 없었다. 자못 숙연한 이 대목에서 흥미로운 '팩트 체크'를 하나 하자면, 실제로 대다수 시민이 '강 건너 불구경'을 했다는 점이다. 왜 그럴 수밖에 없었을까?

센강의 혈전, 시테섬

시테섬은 하중도(河中島), 글자 그대로 '하천 가운데의 섬'이다. 흔히 '섬'이라고 하면 바다를 연상하지만, 강에도 제법 많은 섬이 있다. 이것들을 총칭해 하중도라고 부른다.

하중도는 물질이 쌓여 만들어진 퇴적 지형 가운데 하나다. 퇴적은 유속이 급감하는 곳에서 활발히 일어난다. 하중도 역시 유속이 급감하는 지역에서 잘 발달한다. 대표적인 장소는 여러 하천이 만나는 곳, 흐르는 하천이 크게 굽이치는 곳, 하천의 폭이 넓어지거나 좁아지는 곳이다. 유속이 느려지니 하천 운반 물질은 자연스럽게 쌓일 수밖에 없다. 하중도의 출생 이력은 이처럼 간결하다.

파리 시테섬도 '두 하천의 만남'과 '하천 폭의 변화'가 조합되어 생긴 결과다. 시테섬은 두 강(센강과 마른강)이 만나는 지점과 가까운 거리에 있다. 구글어스 위성사진으로 두 하천이 만나는 파리 남동쪽을 살펴보자. 가장 먼저 호수와 평지가 많다는 것이 눈에 들어온다. 그 일대

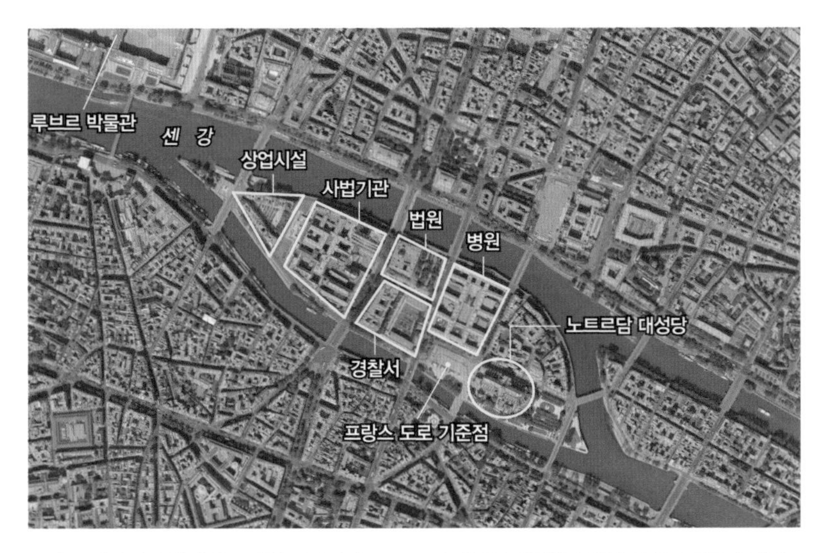

프랑스 파리의 시테섬에는 법원, 사법기관, 노트르담 대성당, 병원 등 핵심 시설이 집중해 있다.

에는 리옹역과 차고지, 프랑스 국립도서관, 대형 쇼핑몰, 스포츠 단지 등 넓고 평탄한 공간이 필요한 시설들이 대거 들어서 있다. 이곳 강변에 널따란 저습지가 많다는 점을 이해하면, 해당 지역이 퇴적으로 형성된 낮은 습지를 흙으로 매립해 만든 공간임을 유추할 수 있다.

센강은 마른강과 합류한 뒤 넓은 저습지를 지나 하폭이 넓어지다가 다시 좁아진다. 그 구간에 형성된 하중도가 바로 시테섬이다. 모래와 점토 등으로 이뤄진 퇴적물이 하천을 따라 내려오던 길에, 하천 폭이 넓어졌다가 다시 좁아지는 짧은 구간을 통과한다면 어떻게 될까? 물질은 좁은 구간을 빠져나와 넓게 퍼졌다가, 다시 목이 좁아지는 곳에서 병목 현상이 나타나 유속의 감소로 퇴적된다. 센강을 혈관에 비유하면 시테섬은 혈전(피떡)인 셈이다.

든든한 조력자, 센강

혈전은 혈액의 흐름을 막을 수 있는 위협적인 존재인데, 하중도가 꾸준히 성장하면 하천을 막을 수 있지 않을까? 사실 그렇지는 않다. 원활한 물의 흐름을 위해 자연의 하천은 곳곳에 쌓인 물질을 스스로 해결하는 편이다. 바로 홍수를 이용해서다. 하지만 시테섬이 놓인 센강은 스스로 퇴적물을 제거할 만한 힘이 부족하다. 물난리가 크게 나서 시테섬을 위협할 일이 드물다는 뜻이다. 왜일까?

센강의 이름은 켈트어로 '부드럽게 흐른다'라는 의미에서 왔다고 한다. 강이 부드럽게 흐른다는 건 유량이 안정되어 수위 변동 폭이 좁다는 말과 같다. 이를 하천지형학에서는 '하상계수가 작다'고 표현한다. '연중 최대 유량을 최소 유량으로 나눈 비율'을 뜻하는 하상계수가 작을수록 물이 안정적으로 흐르는 하천이라고 할 수 있다. 센강의 하상계수는 20~30이다. 댐 건설 이전 우리나라 하천의 하상계수가 평균 300~400을 오간 것에 비춰 보면 매우 안정적인 수치다.

센강의 유량이 일정하게 유지되는 까닭은 이 지역이 서안해양성 기후이기 때문이다. 센강 유역은 편서풍의 영향을 받아 1년 내내 대서양의 수분이 꾸준히 공급된다. 그래서 월 강수량도 고르게 나타난다. 강수량은 하천 유량과 직결되므로, 안정적인 강수야말로 하천 수위를 일정하게 유지하는 힘이다. 수위 변동 폭이 크지 않다 보니, 센강의 수위는 석상 하나로 가늠할 수 있을 정도다.

파리의 센강을 가로지르는 30여 개 다리 가운데 알마교 밑에서 이

특별한 석상을 만나 볼 수 있다. 석상은 크림 전쟁 때 공을 세운 주아브(Zouave)병(兵)을 기념하기 위해 만들어졌다. 큰비가 내리면 파리시는 그 석상의 발목, 무릎, 허벅지 등을 기준으로 삼아 침수 정도를 파

주아브병을 넘을 수 있는 기후 변화의 가능성

프랑스는 서안해양성 기후로 강수량이 비교적 안정된 국가다. 프랑스 기상 관측 이래 센강 알마교에 위치한 주아브병 동상을 완전히 삼킨 홍수는 없다. 최대 높이는 동상의 어깨까지로, 1910년 파리 대홍수 때 기록한 수치다.
하지만 최근 기후 변화에 따른 대규모의 홍수 위험에 관한 목소리가 크다. 2015년 이후 파리는 세 차례의 대홍수를 겪으면서 기후 변화의 위험에 경각심을 느끼고 있다. 루브르와 같이 저지대에 위치한 박물관은 소장품을 고지대로 이전시키는 방안도 추진하고 있다. 언제 어떤 때 집중호우가 내릴지 모르기 때문이다. 이렇게 보자니, 머지않은 시점엔 주아브병 동상이 물밑으로 완전히 자취를 감출 수도 있을 것 같다. 2021년 독일과 벨기에를 휩쓴 대홍수는 디스토피아적 시나리오를 강력하게 뒷받침하고 있는 두려운 증거인 셈이다.

악하고 대책을 논의한다. 이렇게 보니 켈트족이 붙인 센강의 이름은 하천 지형의 관점에서 잘 어울린다! 오래전부터 시테섬에 사람이 거주할 수 있던 것도 센강의 안정적인 유량 덕이다.

파리의 진주가 된 시테섬

어떤 지역에서 제법 도시화가 진행된 공간이 있다면, 그곳이 일대의 정치·경제 중심지일 가능성이 크다. 전 세계의 유서 깊은 도시들은 어떤 이유에서든 사람과 물자가 모이는 과정을 통해 성장했다. 오랜 역사로는 둘째가라면 서러울 파리 역시 이런 과정에서 오늘날의 모습으로 변천해 왔다.

그렇다면 1,000만 명의 인구가 모여 사는 세계 도시 파리의 기원지는 어디일까? 바로 시테섬이다.

파리의 출발이 시테섬인 까닭은 지리적인 이유에서다. 파리라는 도시의 이름에도 유래가 있다. 켈트족의 분파인 '파리시족'은 기원전 3세기부터 로마에 점령되기 전까지 시테섬에 요새를 짓고 살았다(그래서 파리다!). 이후 로마군의 점령을 거쳐 프랑크 왕국의 수도가 되면서 오늘날 파리의 기본 꼴이 완성됐다.

파리는 로마 제국의 번영과도 관련이 깊다. 지중해 패권을 장악한 로마는 세력을 북서쪽으로 확장할 필요성을 느꼈고, 디딤돌이 될 만한 거점에 도시를 구축해 갔다. 그 당시 로마 제국이 전략적 요충지로

시테섬 동쪽 끝자락에 위치한 노트르담 대성당

낙점한 곳이 오늘날의 파리, 정확히는 시테섬이다. 로마가 시테섬을 눈여겨본 이유는 여기서 배를 띄워 그레이트브리튼섬(영국)까지 이동할 수 있기 때문이었다(그레이트브리튼은 당시 로마 제국이 식민지로 가장 탐내던 곳으로, 오늘날의 런던은 로마인들이 '론디니움'이라는 요새를 건설하면서 시작됐다). 그 역시 시테섬이 '하중도'이기에 가능했던 일이다.

시테섬은 로마가 쇠락한 뒤에도 명성을 이어 갔다. 로마가 제국의 세력 확장 차원에서 외부 연결성을 고려해 시테섬을 키웠다면, 중세의 봉건 영주는 예전 파리시족처럼 방어를 위해 하중도에 칩거하는 전략을 택했다. 시테섬은 하중도로 이어지는 다리만 끊으면 천연 해자(성 주위에 둘러 판 못)로 둘러싸인 난공불락의 요새로 탈바꿈할 수 있었다. 이 또한 시테섬이 '하중도'여서 가능했던 일! 자연이 임대한 하중도는 임차인의 필요와 목적에 따라 지리적 쓰임새가 다양한, 아주 특별한 공간이라고 할 수 있다.

역사를 살펴보니 시테섬이 파리의 기원지를 넘어, 오늘날 사법권과 경찰권의 중심지이자 종교적 성소로 거듭난 이유를 알겠다. 나아가 화마에 휩싸인 노트르담 대성당을 바라보며 파리 시민들이 왜 '강 건너 불구경'을 할 수밖에 없었는지도 알겠다. 모든 것은 시테섬이 하중도이기에 가능했던 일이다.

시테섬과 여의도, 같은 하중도지만 우린 달라요!

여의도는 서울에서 가장 넓은 하중도다. 동쪽에는 랜드마크인 63빌딩이, 서쪽엔 국회의사당이 자리해 있고 그 사이에는 여의도공원과 대형 종교 시설, 언론사와 증권사를 비롯한 기업 사옥, 아파트 단지 등이 즐비하다.

하지만 지금 여의도의 모습은 불과 50년 정도의 짧은 시간에 만들어진 것이다. 시테섬과 비교하면 여의도의 역사성에는 분명 한계가 있다. 이 같은 한계는 한강의 성격 때문에 생겨났다.

한강 수계는 여름과 겨울의 강수 차이가 매우 크다. 연 강수량의 60% 정도가 여름철에 집중되어 한강의 수위도 들쭉날쭉 변동이 심하다.

서울 여의도에는 금융 빌딩과 입법 기능이 집중해 있다. 파리 시테섬의 전경과 대조적이다.

이런 기후 조건에도 한강이 크게 굽이치는 곳에선 잠실섬이나 여의도 같은 하중도가 여럿 만들어졌다. 1970년대 잠실섬은 매립을 통해 오늘날의 모습이 되었고, 여의도는 샛강을 살려 하중도의 모습을 간직한 채로 개발됐다. 근대화 이전만 해도 여의도는 버려진 모래섬에 지나지 않았다. 그러나 기술이 발달해 홍수를 효율적으로 관리할 수 있게 되면서 여의도는 멋들어진 스카이라인을 자랑하는 공간으로 탈바꿈할 수 있었다.

시테섬과 여의도를 나란히 놓고 보면 도시화 과정의 차이도 읽을 수 있다. 서울은 태조 이성계가 조선의 수도로 자리 잡은 사대문 안에서 시작해 '산기슭부터 한강변으로' 꾸준히 세를 넓히며 지금의 꼴을 갖춰 왔다. 이러한 도시화 과정은 파리와 정반대 방향으로 이뤄졌는데 파리는 시테섬, 즉 '강에서 출발해 주변으로' 확장했기 때문이다.

지리적 조건의 차이로 정반대 방향으로 성장한 서울과 파리. 그러나 두 도시는 매력적인 하중도를 간직한 세계도시란 점에서 서로 통한다.

화강암의 세계, 세계의 화강암

미국 중서부 사우스다코타주에 위치한 '러시모어산 국립 기념지'. 이곳에 가면 미국인이 가장 존경하는 역대 대통령의 얼굴을 만날 수 있다. 조지 워싱턴, 토머스 제퍼슨, 시어도어 루스벨트, 에이브러햄 링컨은 '큰바위얼굴'이 되어 수많은 관광객을 맞이한다. 웅장한 바위산에 새겨진 대통령들의 얼굴은 조각가 거츤 보글럼이 공들여 만들었다. 조각 공정은 다이너마이트로 암반을 덜어 낸 뒤 얼굴 형태를 세밀하게 다듬어 나가는 식으로 이뤄졌다. 대통령들의 얼굴은 놀라울 정도로 정교하며, 무엇보다 거대하다.

그 연장선에서 미국 동남부 조지아주의 '스톤 마운틴'도 비슷한 느낌을 준다. 평지에 우뚝 솟은 거대한 바위산도 인상적일뿐더러, 여기엔 남북전쟁에서 남부를 대표한 세 인물의 모습이 축구장만 한 크기로 새겨져 있다.

대체 어떤 바위기에 그렇게 정교한 조각을 안정적으로 할 수 있었을까? 서둘러 인터넷 검색을 해 봤더니 두 곳의 암반은 모두 '화강암'이다. 역시, 화강암이군! 화강암이라면 고개가 절로 끄덕여진다. 지금부터 그 이유를 하나씩 따져 보도록 하자.

바위 언덕에 꽃이 피었네

'화강암(花崗巖)'의 한자어를 풀면 '바위 언덕에 핀 꽃'이다. 순우리말로는 쑥 반죽을 연상케 한다고 하여 '쑥돌'이라 부른다. 주변을 잠시 둘러보자. 혹시 산 위에 꽃처럼 솟은 돌이 보이는가? 만약 이런 돌이 보인다면 화강암일 확률이 높다. 울창한 숲 사이에서 마주한 '돌꽃'은 보는 사람에게 자연의 아름다움을 선사한다.

우리가 화강암에서 쑥 반죽을 떠올리는 건 '조암광물' 때문에 그렇다. 조암광물은 암석을 이루는 주요 광물이다. 화강암은 석영, 운모, 장석이 주를 이룬다. 여기서 석영은 백색, 운모는 흑색, 장석은 황색 계열을 띤다. 화강암은 광물들의 조합으로 이미지가 결정된다. 흰 바탕의 석영 사이에 운모와 장석이 낀 화강암은 마치 바닐라 아이스크림에 으깬 오레오 쿠키가 점점이 박힌 듯한 모습이다.

화강암은 매우 단단하다. 그래서 석조건물을 짓는 데 자주 쓰인다. 화강암이 단단한 이유는 태생을 보면 알 수 있다. 마그마가 땅속 깊은

화강암은 석영, 운모, 장석 등의 조암 광물로 이루어진 암석이다. 주로 밝게 보이는 까닭은 석영의 비중이 높기 때문이다.

곳에서 굳어진 뒤, 위를 덮고 있던 암석 지대가 침식되면서 노출된 것이 화강암이다. 100일 동안 쑥과 마늘로만 버텨 낸 신화 속 웅녀처럼 화강암은 오랜 인고의 세월을 견디며 암석이 됐다. 화강암은 속살이 균질하고 덩어리져 있으며, 뒤틀림이 없다.

화강암은 변신의 귀재

단단해서 쉽게 변하지 않을 것 같은 화강암이지만, '풍화'라는 자연의 조각가를 만나면 얘기가 달라진다. 풍화는 암석이 햇빛, 공기, 물, 생물 따위의 작용 때문에 점차 작은 물질로 변해 가는 일련의 과정을 이르는 말이다. 강가나 바닷가에서 볼 수 있는 작은 모래알도 처음엔 거대한 암석이었다. 암석을 제대로 이해하려면 우선 풍화를 알아야 한다.

지하에 웅크리고 있던 화강암이 지표에 드러나면 크게 두 가지 상황에 놓인다. 하나는 거대한 암석 덩어리 그대로 남는 경우고, 다른 하나는 스스로 몸을 낮춰 대지의 밑거름이 되는 경우다. 어떤 길을 택하든 두 과정 모두엔 '절리(節理, 갈라진 틈)의 밀도'에 따른 풍화가 개입한다. 무슨 뜻일까?

먼저 화강암이 덩어리째 남는 경우를 생각해 보자. 화강암의 요람은 땅속이다. 땅속의 마그마가 굳어서 화강암이 되기까지는 지질학적 스케일의 어마어마한 시간이 걸린다. 이 과정에서 땅속은 지각판들의 힘겨루기로 융기하며 여러 갈래의 크고 작은 갈라진 틈, 다시 말해 절리가 생긴다. 화강암은 마치 도마에 놓인 음식 재료처럼 다양한 방향의 힘으로 잘게 다져진다. 하지만 다진 마늘에도 덩어리는 남는 법! 어떤 곳은 다져짐의 정도, 즉 절리의 밀도가 낮은 지역으로 남게 마련이다. 절리의 밀도가 높은 지역일수록 풍화가 원활하다는 점을 떠올린다면, 절리의 밀도가 낮은 곳은 거대한 암반으로 남는다는 사실이 쉽게 이해된다.

한편 절리의 밀도가 높은 화강암은 스스로 몸을 낮춰 대지의 밑바탕이 되기도 한다. 바위의 틈새인 절리는 풍화를 유도하는 수분의 침투 경로인 만큼, 그 경우 화강암의 풍화가 더욱더 빠르게 진전되기 때문이다. 우리나라 강가에서 쉽게 관찰되는 '모래톱'이 대표적인 예다. 모래톱은 대개 화강암이 촘촘히 다져진 지역에서 잘 발달한다. 이는 앞서 살펴본 화강암의 조암광물 가운데 가장 단단한 석영을 중심으로 떨어져 나온 풍화 물질들이 하천에 공급된 결과다.

그처럼 화강암은 단단한 덩어리로 남기도 하고, 또 잘게 다져지면 쉽사리 무너지는 모래성의 느낌을 주기도 하는 변신의 귀재다. 환경에 따라 어떤 때는 거대한 암석 돔(꼭대기가 반구형인 산봉우리)이 되어 위용을 뽐내지만, 또 어떤 때는 몸을 한껏 낮추는 것이다. 같은 화강암 지역이라도 저마다 경관이 다른 건 이런 이유에서다.

랜드마크가 된 화강암

화강암을 찾는 일은 생각보다 쉽다. 단박에 눈에 띄기 때문이다. 미국 캘리포니아주의 요세미티 국립공원에는 거대한 '하프 돔'이 있다. 이곳은 수많은 관광객이 카메라에 담아 가는 요세미티의 백미다. 하프 돔은 조물주가 거대한 화강암 암반을 칼로 베어 반으로 나눈 것처럼 생겼다. 날카롭게 깎인 절벽은 한 그루의 나무조차 살아갈 수 없을 정도로 가파르다. 하프 돔의 날카로운 절개면은 북동-남서 방향으로 좁고 길게 뻗은 요세미티 계곡의 방향과 일치한다. 앞서 말했듯 땅속에서 다져진 '절리'의 방향과 상통하기 때문이다. 시에라네바다산맥을 따라 열 지은 요세미티의 화강암은 크고 작게 다져진 덕에 거대하면서도 세밀한 자태를 뽐낸다. 그래서 요세미티는 아름답다.

미국 요세미티 국립공원에 하프 돔이 있다면, 브라질 리우데자네이루엔 팡지아수카르(Pão de Açúcar)산이 있다(이 산 이름은 포르투갈어로 '설탕 덩어리'를 뜻한다. 영어식으로 '슈거로프Sugar Loaf산'이라고도 불린다). 팡지아수카르산의 암석 돔은 코르코바두산의 '구세주 그리스도상'과 쌍을 이뤄 남다른 경관을 만들어 낸다. 대서양 해안을 따라 열 지은 화강암 암석

브라질 리우데자네이루 항구의 아름다움을 더하는 팡지아수카르산의 암석 돔 전경

돔 덕분에 리우데자네이루는 '세계 3대 미항(美港)'의 반열에 올랐다. 단언컨대 팡지아수카르산의 암석 돔이 없었더라면 리우데자네이루항은 지금처럼 아름다울 수 없었을 것이다. 우뚝 솟은 화강암 덩어리는 어느 곳이든 그곳만의 특별함을 만드는 힘이 있다. 이것이 화강암 지역에 지리적 랜드마크가 많은 이유다.

문명의 주춧돌이 되다

화강암은 고대 문명에서도 남다른 대접을 받는 재료였다. 이집트 기자의 피라미드에는 수십 톤의 화강암이 사용됐다. 피라미드를 이루는 상

인도 팔라바 왕조가 남긴 함피의 화강암 건조물과 내부 조각

당수 돌은 석회암이지만, 제일 중요한 '파라오의 방'은 화강암으로 지어졌다. 영원불멸을 꿈꾸던 권력자는 자신의 업적을 오래도록 남기고 싶어 했다. 여기에는 화강암만 한 돌이 없었다.

인도에 가도 사정은 비슷하다. 인도 역사상 최대의 힌두 제국을 이룬 비자야나가르 왕조의 흔적은 오늘날 인도 남부 함피라는 곳에 남아 있다. 함피는 조금 과장해서 말하자면 사방천지가 돌이다. 거의 모든 건축과 상징에 화강암이 쓰여서다. 함피에 가면 무수히 많은 돌산과 유적 속에서 화강암의 위엄을 피부로 느낄 수 있다.

인도 남동부 첸나이 인근의 마하발리푸람에서는 화강암의 또 다른 변신이 펼쳐진다. 그곳은 팔라바 왕조의 화강암 석조 예술이 고스란히 간직된 장소다. 특히 거대한 코끼리를 중심으로 신과 인간의 모습이 뒤섞인 화강암 부조가 아름답다. 화강암은 세밀하고 정교한 묘사가 가능한 덕에 현세는 물론 내세를 묘사하는 데도 손색이 없다. 수천 년의 세월이 흐른 오늘날까지도 고대 문명 유적 곳곳에는 화강암의 흔적이 남아 있다. 왕조의 위용을 상징적으로 보여 주는 데 여러모로 화강암만 한 돌이 없었기 때문이다.

비교 지역의 이해, 한국의 화강암

화강암은 우리나라에서도 유명하다. 혹시 누군가 돌을 들고 와서 이름을 묻는다면 당황하지 말고 '화강암'이라 해 보라. 확률적으로 절반은 맞아 들어간다. 이 정도로 화강암이 많은지 의문이라고? 그렇다면 지금부터 열거하는 것들에 주목해 보자.

석굴암, 첨성대, 불국사의 석가탑과 다보탑, 설악산 끝자락에 있는 울산바위, 북한산의 인수봉, 겸재 정선이 그린 〈인왕제색도〉 속 인왕산과 〈금강전도〉에 담긴 금강산 만이천봉, 덕수궁 석조전, 독립문. 나아가 궁궐이든 양반 가옥이든, 아니면 초가집이든 대부분 건축물의 주춧돌까지. 지금까지 말한 것들의 공통분모는 화강암이다. 화강암은 우리나라 석조 문화의 정수로, 무수히 많은 곳에 관여하고 있다.

우리의 생애주기에서도 화강암은 뗄 수 없는 존재다. 평일에는 많은 사람이 화강암 건축재가 쓰인 집과 학교에서 지낸다. 휴일이면 화강암 암반이 펼쳐진 자연에서 쉬거나 화강암으로 만든 문화재를 감상하고,

강원도 속초의 울산바위는 거대한 화강암반이 병풍처럼 이어져 경관의 아름다움이 뛰어나다.

화강암으로 지은 종교 시설에서 신앙생활을 한다. 무심코 지나치는 관공서 머릿돌이나 기념비는 일상 속에서 화강암을 만나는 하나의 단면이다. 화강암으로 정돈된 공원묘지는 우리 삶의 종착지가 될 확률이 높다. 이렇듯 화강암에는 무수히 많은 이야기가 담겨 있다. 작은 돌멩이부터

북한의 화강암 세계

화강암에는 남북이 없다. 이데올로기도 없다. 화강암은 그냥 화강암일 뿐이다. 그래서 북한의 건축에도 화강암은 널리 쓰였다. 가장 대표적인 것이 주체사상탑이다. 170m 높이로 쌓아 올린 화강암 석재는 1982년 김일성의 생일을 기념해 탑으로 완성되었다. 마찬가지로 70회 생일을 기념하기 위해 파리의 개선문을 모방해 세운 평양의 개선문도 화강암 건축물이다. 평양의 북서쪽으로는 중생대에 만들어진 화강암이 즐비하다. 그래서 화강암 대형 석조 구조물을 어렵지 않게 만들 수 있다. 이들 화강암은 우리나라와 마찬가지로 중생대에 관입된 마그마가 굳어 만들어진 경우가 대부분이다.

거대한 바위까지 우리 삶을 풍요롭게 만드는 그 이야기에 좀 더 귀 기울여 보는 건 어떨까?

비경을 담다, 퇴적암

누군가 물었다. 공룡 티라노사우루스 렉스는 어떻게 생겼나요? 엄청나게 큰 머리와 무시무시한 이빨, 앙증맞은 앞다리, 비대한 뒷다리. 머릿속에는 자연스럽게 렉스의 이미지가 그려진다. 누군가 다시 묻는다. 티라노사우루스 렉스를 직접 본 적이 있나요? 머뭇머뭇 답을 하지 못한다. 지금껏 티라노사우루스 렉스를 직접 본 사람이 없다. 하지만 티라노사우루스 렉스의 존재를 부정하는 사람은 없다. 이는 퇴적암에 갇힌 화석의 발견으로 가능했다. 퇴적암에 갇힌 여러 고생물은 인간에게 발견돼 과거의 이야기를 전한다. 퇴적암 덕분에 지구의 이력은 풍요로워진 셈이다.

나아가 퇴적암은 스스로 감탄을 자아내는 비경이 되기도 한다. 세계적으로 손꼽히는 비경을 가진 곳의 상당수는 퇴적암이 관여하고 있다. 해외여행지에서 '이곳 정말 굉장해!'라는 느낌이 든다면 우선 퇴적암을 의심해 봐도 좋다. 세계의 비경은 지리적으로 퇴적암과 상당히 밀접해서다.

조물주의 석재, 퇴적암

퇴적암은 물질이 쌓여 굳은 돌이다. 특정 지역에 일정 두께로 물질이 쌓이고 다양한 과정으로 암석이 되면 퇴적암이다. 어떤 조건에서든 쌓여서 암석이 되면 퇴적암이라는 거다. 그래서 퇴적암은 종류가 무척 다양하다.

일반적인 상황에선 물질이 쌓여 퇴적암이 되는 경우가 많다. 곳에 따라서는 화산 폭발로 분출된 물질이나 생물의 유해가 쌓여 만들어지기도 한다. 특히 후자의 경우엔 석유, 석탄과 같은 화석 연료가 만들어져 인류의 물질문명을 뒷받침한다.

세계 곳곳에서는 지금 이 순간에도 암석이 문드러져 깎이는 일이 빈번하다. 풍화와 침식이라 부르는 일련의 과정 덕이다. 퇴적 과정에서 깎여 내려온 물질의 모암(母巖)이 무엇인지는 중요하지 않다. 일단 깎이면 어딘가에는 그 물질이 쌓여 나중에 퇴적암의 살집이 된다. 그중에서도 유독 물질이 잘 쌓이는 곳은 잔잔한 호수나 얕은 바다다. 운반 중

퇴적암에는 물질이 쌓여 굳어진 시기에 따라 물결 모양의 층리가 발달해 있다.

이던 물질이 충분히 다리를 뻗을 수 있는 공간도 확보되어 있다면 금상첨화다.

그렇다면 얕은 호수나 바다에서 퇴적되어 형성된 암석을 어떻게 지표 곳곳에서 볼 수 있는 걸까? 이유는 간단하다. 지표 가까이에서 만들어진 덕에 약간의 땅의 움직임에도 지표에 노출될 수 있어서다. 그래서 지구 표면의 70% 이상은 퇴적암으로 덮여 있다. 퇴적암은 이와 같은 기본 속성 덕에 땅속 깊숙한 곳에서 만들어진 암석보다 풍화 작용에 기민하게 반응하는 특징이 있다.

석재로서의 퇴적암을 말할 때는 '층리'도 빼놓을 수 없다. 층리는 물질이 시간을 달리하며 쌓이는 과정에서 만들어진다. 층리는 책으로 치자면 챕터를 구분하는 속지와 같다. 그래서 퇴적암 표면에는 대부분

층리가 발달해 있다. 층리는 다양한 암석에서 떨어져 나온 물질들이 도착 순서대로 쌓여서 만들어진 증거다. 층리로 구분할 수 있는 각각의 퇴적층은 햄버거의 내용물처럼 층마다 다른 속성을 지닌다. 그래서 층리를 기준으로 깎이는 과정이 차별적이다. 이는 퇴적암을 이루는 각각의 층이 독립적인 성격임을 뜻한다. 퇴적암은 파면 팔수록 각양각색의 재료가 나오는 독특한 석재라는 거다.

놀랍도록 정교한 브라이스 캐니언과 퇴적암

미국 서부 여행에 관한 추천 목록에서 빠지지 않고 등장하는 곳이 있다. 바로 다양한 캐니언들이다. 그랜드 캐니언, 캐니언랜즈, 브라이스 캐니언 등 주요 관광지에는 '캐니언'이라는 이름이 붙어 있다. 이들은 모두 스펙터클 지형 경관을 가진 퇴적 지역이라는 공통점이 있다. 그중에서도 브라이스 캐니언은 많은 이들이 손꼽아 추천하는 곳이다. 그랜드 캐니언처럼 웅장하지는 않지만, 촘촘하게 자리한 바위들이 매우 정교해서다.

브라이스 캐니언은 중생대 백악기부터 신생대까지 쌓인 지층이 솟아올라 형성되었다. 여기서 한 가지 주목할 것은 솟아오를 때 땅에 가해지는 힘이다. 일반적으로 땅이 들어 올려질 때는 엘리베이터로 물건을 들어 올리는 것처럼 안정적이지 않다. 작용하는 힘의 방향 역시 균일하지 않다. 그래서 솟아오르는 땅에는 균열이 많다. 나아가 브라이스 캐니언은 퇴적암 지역이다. 퇴적암은 켜켜이 성질이 다른 암석이 밀집

브라이스 캐니언의 후두 형성 과정은 고원에서 시작해 벽으로 쪼개지고, 이후 갈라진 틈을 따라 물이 유도되어 개별적인 후두로 발달한다. 특히 겨울철에는 동결과 융해 반복 현상으로 그 속도가 빠르다.

해 있어 무수히 많은 방향의 쪼개짐이 발생한다. 그래서 상상하기 힘든 이채로운 모양의 돌이 만들어진다. 특히 브라이스 캐니언에는 수직 방향의 균열이 발달해 수직 돌기둥이 열 지어 발달하는 특징도 가지고 있다. 그래서 멀리서 바라보면 진시황의 병마총처럼 보이기도 한다.

브라이스 캐니언 주변 지역의 여러 캐니언들은 규모를 달리할 뿐 만들어지는 과정이 대동소이하다. 미국 서부 여행 중 만날 수 있는 기상천외한 모양의 바위 대부분은 퇴적암이 빚은 아름다운 지형 경관이다. 아메리카 선주민의 성지로 추앙받아 온 모뉴먼트 밸리 역시 그 연장선에서 이해할 수 있다. 흩어져 있는 퍼즐 조각은 프레임을 통해 질서를 잡는다. 여러 지역에 분포하는 각양각색의 지형 경관도 퇴적암을 통해 질서를 잡을 수 있다.

무릉도원을 떠오르게 만드는 중국의 장자제에는 신비로운 느낌을 주는 돌기둥이 즐비하다. 장자제의 돌기둥은 브라이스 캐니언의 후두와 마찬가지로 수직으로 갈라진 틈을 따라 이어진 풍화와 침식을 통해 만들어졌다.

속세의 무릉도원, 장자제와 퇴적암

영화 〈아바타〉에 등장하는 판도라 행성은 기괴하지만 아름답다. 그곳에는 거대한 암반이 하늘에 떠 있고 좁고 높은 봉우리들이 촘촘하게 박혀 있다. 하늘과 높은 봉우리를 교감 동물을 이용해 자유롭게 활주하는 나비족은 보는 이에게 시원한 해방감을 준다. 영화 속 아름다운 비경의 판도라 행성은 중국 장자제(張家界)를 배경으로 그려졌다.

장자제는 중국 후난성에 위치한다. 오늘날 후난성은 중국 내륙 깊숙이 자리하고 있지만, 수억 년 전에는 바다였다. 땅은 지구 내부 에너지의 왕성한 활동을 통해 느린 걸음으로 솟아오르거나 가라앉는 현상을 반복한다. 장자제 역시 그런 과정을 거쳐 오늘날 육지가 되었다.

장자제 일대의 기반암은 과거 얕은 바다일 때 만들어진 사암이 주를 이룬다. 퇴적암의 일종인 사암은 주로 모래가 퇴적되어 암석화 과정을 거쳐 만들어진다. 그중에서도 장자제의 비경을 이루는 돌기둥의 몸은 석영 사암이다. 석영은 자수정과 같은 단단한 보석의 구성물이다. 그래서 주변보다 풍화와 침식을 꿋꿋하게 견뎌 내어 돌기둥으로 남는 경우가 많다.

장자제의 돌기둥을 더욱 아름답게 만드는 것은 수직 절벽의 소나무다. 가파른 절벽에 나무가 뿌리 내릴 수 있는 건 퇴적암의 층리 덕이다. 층리는 빗물의 수중보가 되어 틈새로 물을 저장해 나무를 키운다. 돌기둥을 새벽녘의 안개가 휘감아 오르면 그야말로 초현실적인 비경이 만들어진다. 이곳에서라면 신선이 구름을 타고 내려오거나, 쿵푸 팬더가 용의 전사가 되기 위해 무술을 연마하더라도 이상하지 않을 것 같다. 수많은 중국인이 버킷 리스트 중 하나로 장자제 관광을 꼽는 이유다.

판다를 위협하는 기후 변화

〈쿵푸 팬더〉 주인공 판다의 공식 종 이름은 '대왕판다'다. 대왕판다는 세계적인 멸종 위기종으로 개체 수가 약 3,000마리 정도다.

판다는 본래 중국에서부터 인도차이나반도 일대까지 넓게 서식했지만, 산림 개발로 서식지가 줄면서 개체 수가 급감했다. 앞으로는 기후 변화도 문제다. 기후 변화로 평균 온도가 오르면 판다의 주식인 대나무의 서식지는 더 높은 곳으로 이동할 수밖에 없다. 알다시피 산지는 대개 고도가 오르면 면적은 줄어든다. 그래서 판다의 서식지 역시 줄어든다. 서식지의 감소는 곧 먹이 경쟁으로 이어져 생존을 위협할 것이다. 판다는 사면초가(四面楚歌)에 놓였다. '용의 전사'가 되는 일보다 당장 생존이 더 시급한 문제라는 거다.

닮은꼴 지형을 찾아라

마지막으로 사진 두 장을 비교해 보자. 우선 장자제의 사진을 본 뒤 이어서 베트남의 할롱만(할롱베이) 사진을 보라. 아마도 두 지역의 경관이 제법 비슷하다는 것을 눈치챘을 것 같다. 장자제와 할롱만은 내륙과 해안이라는 차이가 있을 뿐, 모두 수직 돌기둥이 군락을 이룬다. 그렇다면 이곳의 기반암은 뭘까? 예상하다시피 퇴적암의 일종인 석회암이다.

할롱만 일대는 바다 밑의 퇴적물이 석회암이 되어 여러 번의 해수면 변동을 거쳐 오늘날의 꼴을 갖추었다. 석회암의 천적은 물이다. 석회암은 물속에 녹아 있는 이산화탄소를 만나면 화학적으로 제거되는 특징이 있다. 이러한 지형 경관을 카르스트 지형이라 부른다.

석회암에 가해진 땅의 힘은 무수히 많은 쪼개짐을 낳았다. 수직 절벽의 돌기둥도 그러한 과정에서 만들어졌다. 그래서 할롱만의 돌기둥을 탑 카르스트라고 부른다. 에메랄드 바다 사이로 펼쳐진 탑 카르스트의 향연은 조물주가 빚은 퇴적암의 또 다른 얼굴이다.

그렇다면 우리나라에도 닮은꼴 지형 경관이 있을까? 충청북도 단양의 도담삼봉이 그렇다. 단양은 한반도의 지체 구조상 옥천 습곡대가 지난다. 옥천 습곡대 일대는 고생대에 얕은 바다였다가 오늘날 육지가 되었다. 그래서 석회암이 주를 이룬다. 남한강은 유구한 시간 동안 단양 일대를 굽이쳐 흐르며 땅을 깎고 물질을 재배치해 왔다. 그 와중에 견디고 남은 부분이 오늘날의 도담삼봉이다. 남한강 한가운데 우뚝 솟

베트남 할롱만의 전경. 비슷한 고도의 봉우리들이 인상적이다.

은 세 봉우리는 우리나라 하천의 일반 문법과는 어울리지 않는다. 그래서 생경한 시각적 경험을 선사한다. 겸재 정선, 단원 김홍도 등 무수히 많은 예술가는 이곳을 쉬이 지나치지 못하고 붓을 들어 비경을 담았다.

마지막으로, 지금까지 살펴본 퇴적암의 화판 속에 담긴 조각들의 또 다른 공통점도 알고 가자. 눈썰미가 좋은 사람이라면 눈치를 챘겠지만, 각 지역에 조각된 돌기둥들은 높이가 엇비슷하다. 미국 브라이스 캐니언의 돌기둥, 중국 장자제와 베트남 할롱만의 돌기둥, 단양 도담삼봉의 봉우리 모두가 그렇다. 이는 수평적으로 물질이 쌓여 만들어진 퇴적암이기에 가능한 일이다. 일정 두께의 목판을 음각한 판화를 연상하면 이해가 쉽다.

몬순 더하기 산지는 신의 축복

물은 생명을 유지하는 데 필수 요소이다. 문제는 물이 고르게 분포돼 있지 않다는 점! 물은 석유처럼 양극화가 심한 자원이다. 넘치는 물을 감당하기 힘든 곳이 있는가 하면, 일 년 내내 물 한 방울 구경하기가 어려운 곳도 있다. 물의 양극화는 날이 갈수록 심해진다. 만성적인 물 부족 국가는 바닷물을 민물로 바꾸려는 시도도 주저하지 않는다. 하지만 과학이 발달한 오늘날에도 해수의 담수화는 쉽사리 손익분기점을 넘기기 어려운 미완의 영역이다.

물을 얻는 가장 손쉽고도 확실한 방법은 뭘까? 바로 '강수(降水)'다. 제아무리 21세기 첨단 시대라고 해도 때맞춰 양껏 내리는 강수는 어떤 기술로도 대체할 수 없다. 이렇게 보면 아시아의 몬순은 상당히 매력적인 강수 현상이다. 그래서 인도 사람들은 여름 몬순을 '신의 선물'로 여긴다.

계절풍은 왜 생길까

'계절'을 뜻하는 아랍어 모우심(mawsim)이 몬순의 어원이다. 어원에서 알 수 있듯 몬순은 계절에 따라 바람의 방향이 뒤바뀐다. 게다가 몬순은 계절에 따라 마치 동전의 앞뒷면처럼 전혀 다른 성질의 바람을 가져온다. 왜일까?

이는 비열(比熱) 때문이다. 육지(땅)와 바다(물)는 비열이 다르다. 바다보다 비열이 작은 육지는 같은 조건에서 온도의 변화 폭이 더 크다. 강한 에너지를 받는 여름철의 육지는 바다보다 더 빨리 가열된다. 그래서 더 덥다. 같은 원리로, 바다는 비열이 커서 냉각 속도가 더디다. 이것이 겨울철 바다가 육지보다 상대적으로 따뜻한 이유다.

비열에 따른 육지와 바다의 온도차는 공기 밀도 차이로 이어진다. 공기는 밀도가 높은 데서 낮은 데로 이동한다. 탁월한 바람은 그 때문에 나타난다. 즉, 계절에 따라 몬순의 풍향이 달라진다.

지구에서 몬순 현상은 위도에 따라 다양하게 발생한다. 그 가운데 가

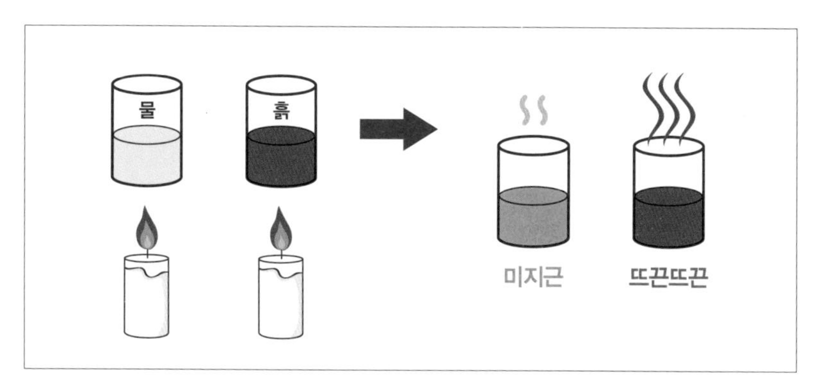

같은 양의 물질의 온도를 1℃ 올리는 데 물이 흙보다 더 많은 열이 필요하다. 그래서 육지보다 비열이 큰 바다는 계절에 따른 온도 변화의 폭이 육지보다 작다.

장 교과서적인 몬순을 꼽자면 역시 '열대 몬순'이다. 열대 몬순은 가장 뜨겁고 비구름이 많다. 아무래도 적도와 거리가 가까워서다. 인도반도는 바로 이 열대 몬순의 영향을 받는다. 여름인 6월부터 10월까지는 인도양에서 대륙을 향해 바람이 불고, 겨울인 11월부터 3월까지는 대륙에서 인도양으로 바람이 분다. 그 가운데 '신의 축복'으로 추앙받는 바람은 여름 몬순이다. 앞서 말했듯 생명의 근원인 물을 가져와서다.

지금부터는 인도의 여름 몬순에 집중해 보기로 하자. 다소 엉뚱하게 들릴 수도 있겠지만, 이를 위해서는 인도의 주요 산지를 둘러보는 게 먼저다.

몬순+산지=지형성 강우

인도의 여름 몬순이 산지를 만나면 '지형성 강우'가 내린다. 지형성 강우는 습기를 머금은 비구름이 산지를 만나 비를 내리는 현상이다. 산악인이 등반을 위해 짐을 최소화하듯 비구름은 산지를 넘기 위해 비를 내려 몸무게를 낮춘다. 만약 산지가 없다면 아무리 몬순이라도 강수를 동반할 수 없고, 심한 경우 사막이 발달하기도 한다. 하지만 인도반도는 든든한 산맥이 많아 걱정이 없다.

인도반도의 산맥은 판 구조 운동의 결과물이다. 본디 인도반도는 판게아 시절에 오늘날의 아프리카 동부 지역에서 떨어져 나왔다. 이후 북동쪽으로 이동하며 유라시아 대륙과 충돌했는데, 그 과정에서 히말라야산맥·서고츠산맥 등이 만들어졌다. 산맥들은 여름 몬순을 자극해 지형성 강우를 유도한다.

히말라야산맥 앞에선 지형성 강우의 효과가 강력하게 발휘된다. 몬순이 배달하는 비구름이 8,000m급의 히말라야 장벽을 넘을 수 없기 때문이다. 그래서 비구름이 닿는 히말라야 기슭의 체라푼지 일대는 연평균 강수량이 1만mm가 넘는 경우가 많다.

인도의 여름 몬순은 때때로 물폭탄을 안겨 주지만, 사람들은 그마저도 고마워하는 듯하다. 몬순이 여러모로 먹고사는 데 이롭기 때문이다. 여름 몬순은 농사의 든든한 버팀목이다. 몬순은 인도인의 주식인 쌀(벼), 최고의 수출 작물인 차 재배에 최적의 환경을 제공한다.

벼는 생육 기간에 높은 기온과 많은 비가 필요한 민감성 작물인데

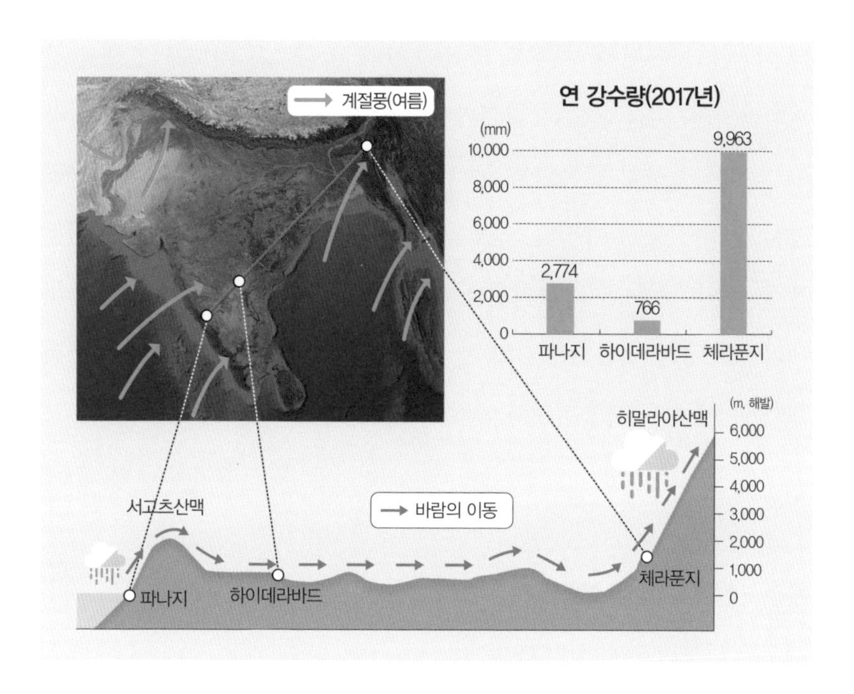

인도의 여름 계절풍은 순차적으로 서고츠산맥과 고원, 히말라야산맥을 만난다. 지형성 강우가 유발되는 서고츠산맥과 히말라야산맥의 서쪽은 강수량이 풍부하다(미래엔 세계지리 교과서 재가공).

여름 몬순의 환경은 이 요구에 들어맞는다. 그래서 몬순이 통과하는 갠지스강의 범람원과 하구 삼각주(델타)에선 전통적으로 벼를 재배해 왔다. 단위면적당 수확량이 많은 벼는 인구 부양력이 높은 작물이다. 그래서 갠지스강 유역은 인구밀도가 높다. 인도의 여름 몬순은 14억 인구를 부양하는 중대 임무를 수행하고 있다.

여름 몬순 덕에 인도에선 차 재배도 가능하다. 차나무는 벼보다 재배 환경이 더 까다롭다. 연평균 온도가 12.5℃ 정도로 온화해야 하고, 연 강수량이 2,000mm 정도로 비가 많아야 하며, 차나무의 뿌리는 빨리 썩는 편이어서 물 빠짐도 좋아야 한다. 까다로운 차나무의 생육 조건이라지만, 여름 몬순과 함께라면 걱정 없다. 여름 몬순이 기온과 강수 조건을 충분히 만족함과 동시에, 지형성 강우 지역은 경사가 가팔라서 물 빠짐도 좋아서다. 인도의 대표적인 차 재배지는 그런 조건들을 모두 만족하는 히말라야산맥·서고츠산맥의 바람받이 사면에 있다. 우리에게 홍차 이름으로 익숙한 다르질링, 아삼 등은 바로 이런 조건을 충족하는 차 재배 적지다.

몬순+산지=재생 에너지

여름 몬순이 산지를 만나면 수력 발전과 풍력 발전에 유리하다.

몬순이 몰고 오는 비구름은 수력 발전의 종자다. 수력 발전을 위해서는 비구름 속 수증기가 응결하여 지표에 도달해야 한다. 앞서 말한 지형성 강우 효과라면 안성맞춤! 지형성 강우 지역에서는 수력 발전을 위한 물의 낙차와 충분한 유량을 동시에 확보할 수 있다. 그래서 인도의 주요 수력 발전소는 히말라야산맥·서고츠산맥과 가까운 하천의 중상류에 위치한다. 나아가 이곳은 주요 차 재배지와도 가깝다. 여름 몬순의 강수 효과가 극대화하면 수력 발전과 차 재배에 최적화된다는 이점이 생긴다.

몬순이 산지를 만나면 풍력 발전에도 유리하다. 풍력 발전과 몬순의 만남이 다소 낯설게 느껴질지도 모르겠다. 그러나 몬순의 기본은

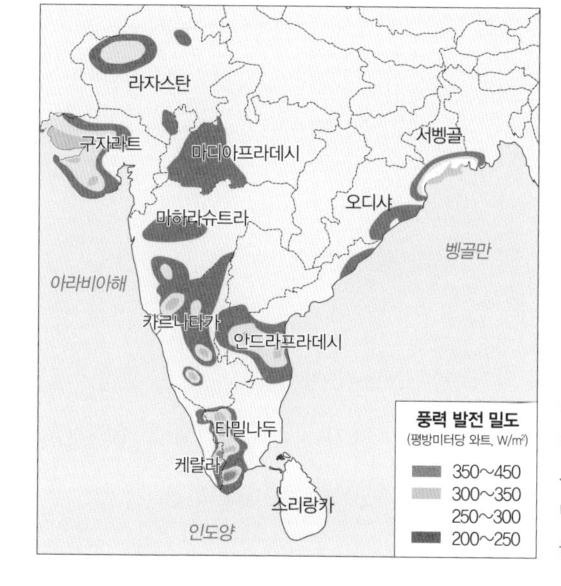

인도의 풍력 발전 밀도를 나타낸 지도. 주로 여름 몬순이 부는 서고츠산맥의 바람받이 사면에 에너지가 집중되어 있음을 알 수 있다.

바람이요, 여름 몬순이 제대로 힘을 발휘하는 시기엔 제법 강한 바람이 분다. 여기서 흥미로운 사실 하나를 짚고 가자. 인터넷 검색으로 인도 풍력 발전 단지의 위치를 찾아보면, 서고츠산맥을 따라 남북으로 집중해 있다는 점을 알 수 있다. 좀 더 자세히 말하자면 서고츠산맥을 넘어 데칸고원으로 향하는 골짜기 일대다. 이는 여름 몬순이 산지를 만나 빚어진 결과다.

여름 몬순이 서고츠산맥을 만나는 곳에서는 '베르누이의 정리'에 따른 효과가 나타난다. 베르누이의 정리는 비행기 이륙이나 날개 없는 선풍기 등에 접목되는 정리다. 바람은 골짜기와 같은 좁은 곳을 지날 때 속도가 빨라진다. 고갯마루는 빨라진 몬순의 바람이 통과하는 곳이다. 그래서 서고츠산맥을 막 통과한 몬순의 바람은 입구에 선 풍력 발전기를 힘차게 돌릴 수 있다. 풍부한 재생 에너지는 경제가 나날이 발전하고 있는 인도의 든든한 지원군이다. 그래서 몬순은 먹고사는 데 이롭다.

인도 몬순의 경제학

한 해 강수량의 약 80%를 담당하는 인도의 여름 몬순. 물은 생존의 필수 요소인 만큼 몬순의 지배력 또한 막강하다. 몬순이 제때 찾아오지 않거나 강수량이 기대 수준에 미치지 못한다면 이에 따른 경제적 손실은 그야말로 명약관화(明若觀火)다.

여름 몬순이 가장 큰 영향력을 발휘하는 분야는 아무래도 농업이다. 인도 인구의 절반 이상이 농사를 생업으로 삼고 있지만, 여전히 농촌에는 관개 시설이 부족하다. 이 때문에 인도의 농부들은 '몬순바라기'가 된다. 가끔 여름 몬순이 늦어지는 때면 농부들의 피가 마른다.

재생 에너지는 정말 지구 환경에 이로울까?

재생 에너지에 관한 관심이 뜨겁다. 기후 변화가 기정사실화된 21세기를 맞아, 지구촌은 화석 연료를 대체할 에너지원으로 재생 에너지를 첫손에 꼽는다. 재생 에너지는 문자 그대로 태양광, 풍력 등과 같이 자연에서 얻는다. 그래서 고갈의 위험이 없고, 반영구적으로 이용할 수 있다.
하지만 완벽한 재생 에너지란 없다. 재생 에너지를 얻기 위해 설치하는 시설에는 다양한 환경 오염 재료가 많고, 이들을 유지 보수하는 데 막대한 비용이 들기 때문이다. 환경에서 에너지를 얻어야 해서 환경 파괴도 필수다. 아무리 좋은 에너지원이라도 시설을 짓는 데 더욱 신중해야 하는 이유다.

여름 농사는 물론이고 겨울 농사까지 망칠 수 있어서다.

인도의 농부들은 건기인 겨울철에도 쉬지 않는다. 밀이나 콩, 감자 등을 10월 이후 파종하여 이듬해에 수확한다. 겨울 몬순은 상당히 건조해서 재배에 필요한 물은 여름 몬순 때 확보해 둔 것을 쓴다. 그래서 여름 몬순이 늦어지면 한 해 농사를 모두 망치게 된다. 이런 농촌 상황의 악화는 꼬리에 꼬리를 물면서 다음과 같은 슬픈 이야기로 전개될 가능성이 크다.

> 늦어진 몬순으로 강수량이 적어져서 여름과 겨울 농사를 모두 망친다. 작황이 좋지 않아 곡물 가격이 올라가고 가축에게 충분한 사료를 주기 어려워진다. 여의치 않으면 작물을 수입해야 하므로 무역 적자가 우려된다. 설상가상으로, 인구의 약 70%가 거주하는 농촌의 경제가 어려우니 대부분 사람이 허리띠를 조인다. 가전제품, 생필품, 오토바이, 자동차 등을 더는 구매하지 않는 이른바 '버티기'로 전향하면 내수 시장은 급속히 얼어붙는다. 내수 시장의 악화는 제조업과 관련 산업의 침체로 이어진다. …

최악의 시나리오를 말끔히 씻어 내는 해결책은 몬순의 적확한 방문뿐이다. 그래서 인도의 여름 몬순을 '신의 축복'이라고 부르는 듯하다. 이렇게 보니 몬순은 인도를 이해하는 데 매우 중요한 요소다. 아니, 인도의 이해는 몬순의 이해로부터 시작한다고 말하는 게 맞겠다.

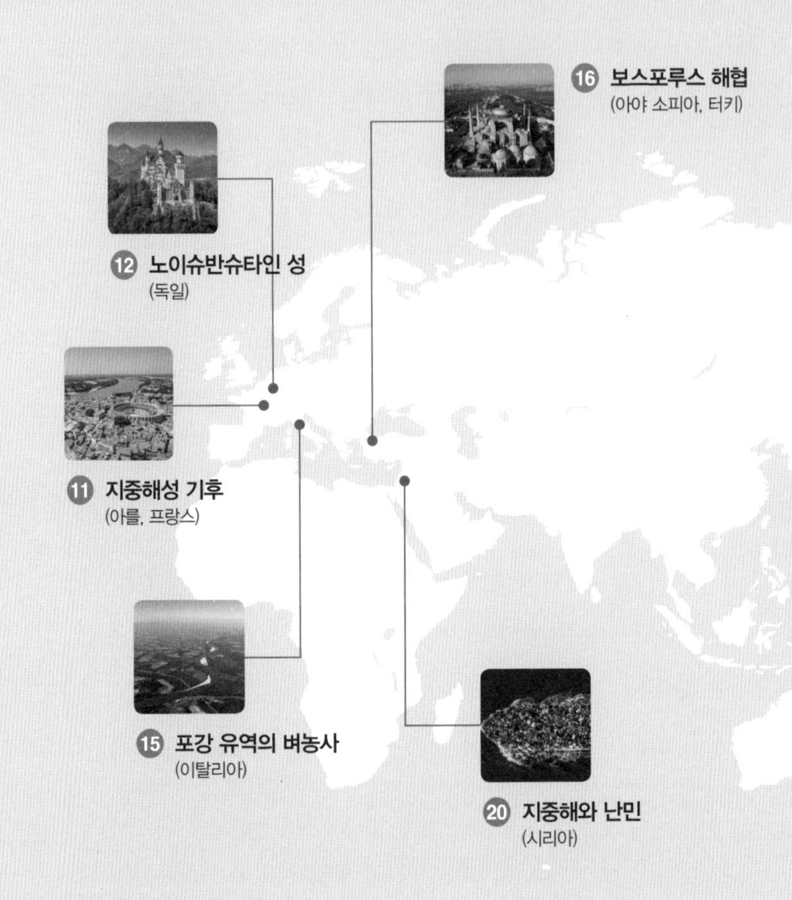

제2부

인문지리
인간과 자연 이야기

⑰ 북극해

⑬ 메갈로폴리스
(뉴욕, 미국)

⑭ 커피와 '공간'
(커피 벨트)

⑲ 대평원의 옥수수
(미국)

⑱ 갈라파고스 제도
(에콰도르)

반 고흐가 만난 프랑스

맑은 밤하늘에 고개를 들면 별을 만난다. 별은 스스로 빛을 만들어 존재를 알린다. 천문학에선 이러한 별을 항성이라 부른다. 수많은 항성은 태양계는 물론 그 너머 어딘가에서 꾸준히 빛난다. 이들이 연대해 만든 은하수는 밤하늘의 아름다움을 더하는 백미다. 광활한 밤하늘을 수놓은 별을 바라보는 행위는 그 자체로 설레는 일이다. 지구 바깥 세계와 소통하는 신묘한 기분을 주어서다.

별을 사랑해 온 인류는 다양한 방식으로 그에 관한 서사를 남겼다. 고대 바빌로니아인들은 별의 움직임에 주목하여 별자리 기록을 시작했고, 별의 신성성에 매료된 그리스인들은 신화로써 별의 존엄을 숭배했다. 지동설을 주창한 갈릴레오가 근대 천문학을 연 지 오래지만, 인류는 여전히 별을 사랑하고 갈망한다.

서양 미술사에 커다란 발자취를 남긴 빈센트 반 고흐도 그랬다. 그가 화폭에 펼친 밤하늘에는 유달리 별이 많다. 반 고흐의 별은 아름답고 강렬해 삽시간에 시선을 잡아끈다. 자못 호기심이 인다. 고흐는 어디에서 그토록 맑게 빛나는 별을 바라본 걸까? 그곳에 가면 우리도 고흐의 별을 볼 수 있을까?

프랑스의 지리적 특징과 반 고흐

프랑스는 유럽사에서 존재감이 상당하다. 그중에서도 문화 자산이 탁월한 것으로 정평이 나 있다. 그래서일까, '프랑스산'이라는 수식어는 고급스러운 이미지를 떠올리게 한다. 재미있는 것은 프랑스의 지리적 입지 역시 남다른 면이 있다는 거다.

프랑스는 유라시아 대륙의 서쪽 끝에 위치한다. 대륙의 끝자리는 해양과 만날 수 있는 이점이 있다. 나아가 오각형 형태를 띤 프랑스의 국경선은 다양한 요소와 만난다. 세 면은 북해·대서양·지중해와 접하고, 두 면은 유럽 7개국 및 이베리아반도와 만난다. 북해를 사이에 두고 영국과 마주하고, 지중해를 건너면 아프리카 대륙과 만난다. 한반도보다 2.5배 정도 큰 국가치고는 이웃한 지역의 이름값이 화려하다. 이러한 지리적 배경 덕에 프랑스는 여러 이질적 문화가 섞이기에 좋았다.

프랑스 국토의 절반은 이른바 프랑스 대평원으로 불리는 지역에 속한다. 이곳은 대부분 지역이 빙하로 덮여 있던 북유럽의 평원보다 비옥하다. 프랑스 대평원은 우크라이나 흑토 지대와 더불어 유럽에서도 손꼽히는 농업 지역이다. 그래서 생태적 다양성이 높고, 먹고살기에 부족함이 없다. 이렇듯 프랑스의 지리적 입지는 유럽의 여느 국가보다 이점이 많아, 문화 강대국이 되는 데 적잖은 영향을 주었다. 반 고흐의 작품에도 그랬다.

반 고흐가 예술적 전환기를 맞은 곳은 출생지 네덜란드가 아닌 프랑스였다. 당시 프랑스는 세계 예술의 중심지였다. 파리에서 열린 세계 박람회는 여러 지역을 잇는 '문화 플랫폼'이었다. 그 덕분에 파리에서는 동서양의 예술작품이 활발히 교류되었다. 당시 파리는 예술가의 오디션 경연장과 같은 분위기를 연출하는 특출난 곳이었다. 에스파냐 출신의 피카소, 영국 출신의 시슬레, 프랑스의 모네 등 당대를 주름잡던 화가들은 몽마르트르 언덕의 한 카페에서 사교를 즐겼다. 네덜란드 출신의 반 고흐 역시 그들과 동시대의 공간을 공유했다. 파리에서의 경험은 반 고흐가 새로운 작품 세계를 구상할 수 있는 밑그림이 되었다. 요컨대 세계 문화의 중심지 파리에 반 고흐가 있었다.

반 고흐가 만난 흐린 하늘의 몽마르트르

반 고흐의 작품을 한 장씩 넘기다 보면 그가 머물던 곳의 지리적 풍경이 파노라마처럼 지난다. 그의 작품 중 대중에게 널리 알려진 상당수는 1881년부터 죽음에 이르는 1890년 사이에 그려졌다.

이 기간을 지리적으로 구분하면, 1881년부터 1888년까지는 프랑스 중앙산지 북쪽 지역인 네덜란드와 파리에서 그림을 그렸다. 이 시기의 풍경 그림은 대체로 어둡고 흐린 공통점이 있다.

몽마르트르 언덕을 사랑한 예술가들

몽마르트르 언덕에 오르면 파리 시내를 한눈에 굽어볼 수 있다. 에펠탑이 완공되기 전까지는 몽마르트르 언덕이 단연 파리 조망 1번지였다. 에펠탑 완공이 1889년이니 반 고흐는 에펠탑을 보지 못하고 파리를 떠난 셈이다.

고흐를 포함한 인상주의 화가들이 즐겨 찾던 몽마르트르 언덕의 르 콩쉴라(Le Consulat) 식당은 언덕 위에 있다. 탁 트인 언덕에 오르면 마음이 열리고 생각이 날개를 단다. 지리적으로 예술가를 불러 모으는 힘이 있다는 거다.

몽마르트르 언덕은 상대적으로 침식에 강한 암석 지대가 주변보다 높게 남은 곳이다. 형성의 궤는 다르지만 서울의 남산이 사람을 불러 모을 수 있는 것과 이치는 같다.

프랑스 중앙산지 북쪽 지역은 서안해양성 기후가 나타난다. 수도 파리가 있는 일 드 프랑스 지역도 이에 속한다. 서안해양성 기후 지역에는 연중 습윤한 편서풍이 불어온다. 편서풍은 1년 내내 바람의 방향이 바뀌지 않는 항상풍이다. 이 지역은 구름이 많고 비가 잦다. 네덜란드와 프랑스 파리 시절에 남긴 풍경 그림에서 어둡고 흐린 하늘이 묘사된 이유다. 반 고흐는 네덜란드의 덴하그 해안, 목가적인 풍경을 자아내는 농촌 지역에서 흐린 하늘의 풍경화를 남겼다. 특히 네덜란드 뉘넨, 프랑스 파리의 몽마르트르에서 그린 풍경화의 하늘은 금방이라도 비가 올 것처럼 잿빛이다. 서안해양성 기후 지역에 살던 반 고흐의 풍경화엔 서안해양성 기후의 하늘이 담겨 있는 것이다.

반 고흐가 만난 남부 프랑스의 아를

파리에 머물던 반 고흐는 당시 유행하던 인상주의 화풍에 관심을 가졌다. 미술사조에서 인상주의를 논할 때 결코 빠질 수 없는 것이 빛의 활용이다. 반 고흐 역시 인상주의를 통해 빛의 표현에 관심을 가졌다. 줄곧 야외 작업에 몰두해 왔던 반 고흐는 풍경에 담긴 빛을 부여잡기 위해 노력했다. 풍경을 있는 그대로 묘사하기보다는 풍경 속 빛의 형태와 감각에 관심을 두기 시작한 것이다. 반 고흐는 밝고 강렬한 빛을 표현하고 싶어 했고, 이를 위해 이주의 필요성을 느꼈다. 반 고흐가 선택한 곳은 프랑스 남부 지중해의 시골 마을인 아를이었다. 생애의 상당

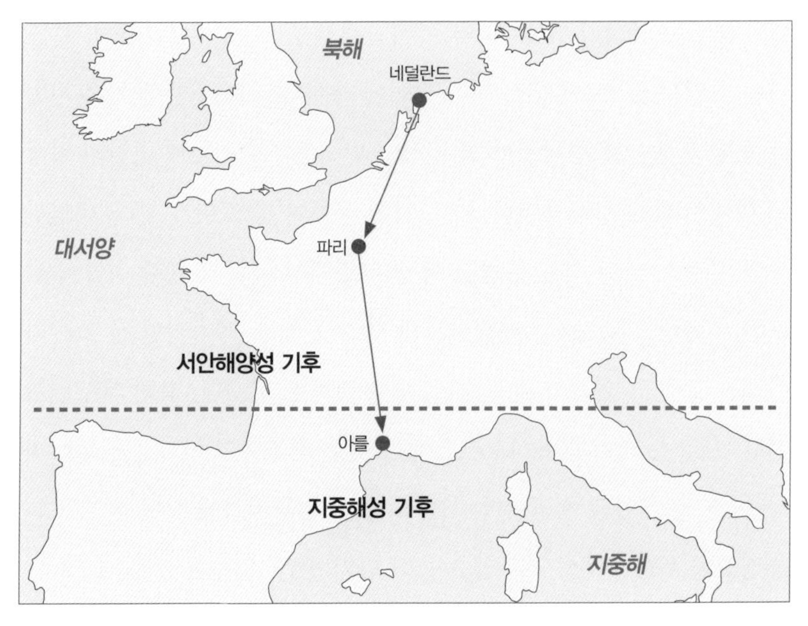

반 고흐가 작품 활동을 하면서 이동한 경로인 '고흐 트랙'은 지리적으로 서안해양성 기후 지역에서 지중해성 기후 지역으로의 이동이다.

기간을 서안해양성 기후 지역에서 보낸 그에게 아를은 그야말로 빛의 신세계였다. 아를은 북부와는 지리적으로 완전히 다른 공간이었다.

프랑스의 국토는 남북으로 북위 40~50도 내외에 걸쳐 있다. 한반도에서 가장 북쪽에 해당하는 지역의 위도가 프랑스에서 가장 위도가 낮은 지역과 비슷하다. 고위도 지역으로 갈수록 단위면적당 태양 복사 에너지를 받는 양이 적어진다. 그래서 프랑스는 위도 조건상 일조량이 풍부한 지역이 아니다. 게다가 프랑스는 국토 대부분이 서안해양성 기후여서 구름이 자주 낀다. 온전히 태양 빛을 즐길 수 있는 조건이 아니라는 거다.

하지만 반 고흐가 선택한 아를은 달랐다. 지중해와 가까운 아를엔 든든한 빛의 조력자가 있다. 바로 아열대 고압대다. 아열대 고압대는 연중 뜨거운 적도에서 상승한 공기가 꾸준히 떨어지는 곳이라서 극히 건조한 환경을 만든다(65쪽 그림). 그 위력은 사하라 사막을 만들 정도다. 세계 최강의 건조기 아열대 고압대는 주로 아프리카 북부 사하라 사막 지역에 머문다. 하지만 북반구가 여름이 되면 아열대 고압대는 지중해 일대로 자리를 옮기는 특징이 있다. 태양을 따라 이동하는 것이다. 여름 한 철 아열대 고압대의 영향을 받는 지중해 지역은 그래서 기온이 높고 극히 건조하다. 북유럽 사람들이 여름만 되면 지중해를 찾으려는 것도 같은 이유에서다.

반 고흐는 지중해의 아를에서 강렬하고도 화려한 빛을 아낌없이 화폭에 담았다. 반 고흐가 프랑스 남부 지역에 머문 시기는 정신 질환으로 병원에 거처하던 기간을 포함해 고작 2년 정도다. 하지만 이 짧은 시기에 반 고흐의 대표작이라 불리는 다수의 작품이 그려졌다. 반 고흐는 남다른 붓 터치로 〈별이 빛나는 밤〉, 〈해바라기〉, 〈까마귀가 나는 밀밭〉 등의 걸작을 남겼다. 반 고흐의 손에 이끌린 지중해의 별은 여전히 강한 생명력을 유지하고 있는 셈이다.

반 고흐가 펼쳐 낸 역동적인 별빛에 관해서는 다양한 해석이 존재한다. 반 고흐의 정신 질환 이력을 바탕으로 감정 변화에 주목하는 사람이 있는가 하면, 안과 질환과 관련된 빛 번짐의 결과로 바라보는 이도 있다. 그러함에도 한 가지 분명한 것은 반 고흐가 표현한 별은 지중해 지역의 맑고 투명한 밤하늘이라는 사실이다. 반 고흐는 아를의 밤

반 고흐의 대표작 〈별이 빛나는 밤〉은 그가 귀를 자른 후 생레미의 요양원에 있을 때의 기억을 더듬어 그린 작품이다. 연속적이고 역동적인 붓 터치로 묘사된 밤하늘이 불타오르는 것처럼 보이는 사이프러스 모습과 어우러져 있다.

하늘을 보며 동생 테오에게 편지를 보냈다.

"도시를 표현한 지도의 검은 점을 보며 꿈을 꾸는 것처럼, 밤하늘의 별은 항상 나를 꿈꾸게 만들어."

알퐁스 도데와 윤동주의 별

프랑스 소설가 알퐁스 도데는 인간과 별을 매개로 글을 썼다. 소설 「별」에는 주인집 아가씨에 대한 양치기 소년의 연정이 청명한 밤하늘의 별을 매개로 서정적으로 묘사되었다. 이 대목에서 궁금증이 생긴다. 알퐁스 도데는 어디에서 밤하늘의 별을 본 걸까?

알퐁스 도데의 고향은 프랑스 남부 지중해 일대의 님(Nime)이다. 흥미로운 것은 님에서 자동차를 몰아 남동쪽으로 40분을 달리면 반 고흐가 머문 아를을 만난다는 점이다. 찬란한 지중해의 별은 아를에 머물던 반 고흐의 화폭과 님에 머물던 알퐁스 도데의 원고지에 담겼다. 표현 방식이 달랐지만, 동인은 같았다. 두 예술가 모두 지중해의 별을 매개로 예술적 혼을 불태울 수 있었던 면에서 그렇다.

지구 반대편에 살던 시인 윤동주도 그랬다. 그는 밤하늘의 별을 통해 나라 잃은 이의 비장함을 표현했다. 다만 차이점이 있다면 계절이다. 윤동주가 바라본 별은 여름 밤하늘에 있지 않다. 지중해 지역에선 여름철이 건조하지만 한반도는 겨울철이 건조해서다. 윤동주는 차가운 밤하늘을 올려다보며 '바람에 스치우는' 별을 노래했다. 그리고는 다짐했다. 죽는 날까지 한 점 부끄러움 없는 삶을 살겠노라고. 겨울 밤하늘의 별은 비장한 결기를 떠올리게 만든다. 알퐁스 도데의 별과는 사뭇 대조적이다.

별은 시대와 지역에 상관없이 감성을 일깨우는 특별한 존재다. 잠시 시간을 내어 밤하늘을 올려다보자. 프랜시스 버딜론이 예찬한 '천 개의 눈'을 마주하는 일은 또 다른 나를 만나는 첫걸음일 테니까 말이다.

> 밤은 눈이 천 개,
>
> 낮은 단 한 개의 눈을 가졌지요
>
> 하지만 저 밝은 세상의 빛은
>
> 태양이 죽으면 함께 죽지요. (…)

마법의 성을 위한 지리학

아름다운 노랫말과 멜로디로 사랑받아 온 노래가 있다. 가수 더 클래식이 부른 〈마법의 성〉이다. 마법의 성에 갇힌 공주를 향한 순애보를 그린 노래는 머릿속에 신데렐라 성을 그리게 한다.

신데렐라 성은 디즈니랜드의 랜드마크다. 디즈니랜드는 신데렐라 성을 허브로 여러 테마 공간이 모이도록 설계되었다. 신데렐라 성의 맨 꼭대기 첨탑은 공주를 위한 신비로운 메타포로, 왕자의 여정은 성에 갇힌 공주를 구출하면서 완결되는 것이 일반적이다. 마찬가지로 디즈니랜드의 손님은 신데렐라 성에서 펼쳐지는 레이저 쇼를 보며 판타지 세계의 여정을 갈무리한다.

아름다운 신데렐라 성은 중세 유럽의 여러 성을 모티프로 설계했다. 중세 유럽의 성은 통치, 방어, 거주 등 각양각색의 축조 목적이 있지만, 대부분 주변을 쉽게 조망할 수 있도록 높게 올려 지은 공통점이 있다. 신데렐라 성 꼭대기에서 디즈니랜드를 조망할 수 있는 것과 비슷한 이치다. 이렇게 성은 주변을 관장할 수 있는 컨트롤 타워 역할이 중요했다. 그렇다면 권력자들은 성의 위치를 잡을 때 어떤 지리적 조건을 중시했을까?

산과 들 사이 어딘가의 성

에스파냐에 가면 국토의 가운데를 동서로 가르는 과다라마산맥을 만날 수 있다. 과다라마산맥을 기준으로 남동쪽 기슭에는 에스파냐의 주도 마드리드가 있다. 그리고 과다라마산맥을 축으로 지도를 반으로 접으면 마드리드는 북서쪽 기슭, 옛 카스티야 왕국의 주도 세고비아와 만난다. 과다라마산맥 좌우로는 이렇게 데칼코마니처럼 도시가 발달하는데, 이는 과다라마산맥이 에스파냐 중부에서 중요한 대칭축임을 뜻한다.

일반적으로 산지는 숲과 물 그리고 안전을 주는 소중한 존재다. 사막 지역의 산이 아니라면 이와 같은 조건은 대체로 유효하다. 과다라마산맥 역시 온대 기후 지역의 산맥으로 앞선 조건을 충족한다. 그래서 마드리드에는 만사나레스 엘 레알 성, 맞은편의 세고비아에는 알카사르 성이 지어졌다. 권력자를 위한 성의 존재는 이곳이 먹고살기에 괜찮았음을 뜻한다. 지리학에서는 이와 같은 지역을 산록대라 부른다.

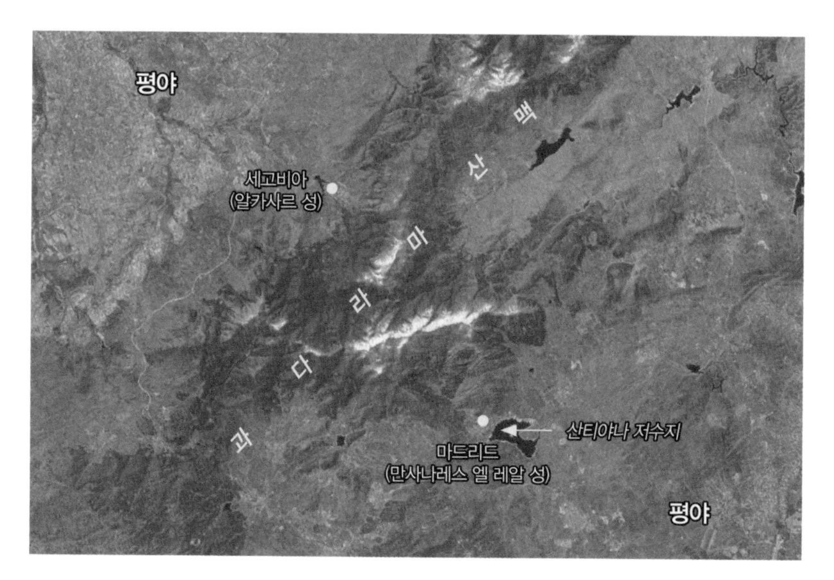

에스파냐 과다라마산맥을 기준으로 양쪽 산록대에는 대칭형으로 주요 성곽과 저수지가 조성되었다. 이는 산지와 평야의 점이지대에 해당하는 산록대의 지형 특징과 무관하지 않다.

산록대는 산지와 평지가 만나는 점이지대여서 혼종성을 이룬다. 산록대는 산지와 평지의 중간에서 양자의 이점을 모두 취할 수 있다. 산록대에 있으면 평지에서 곡물을 거둬 가져오거나, 고지대의 이점을 살려 방어진을 구축하기에 유리하다. 나아가 산록대는 비가 내리면 지하수가 잘 모여 기본적인 생활에도 유리한 측면이 있다. 생각해 보면 산지와 평지가 만나는 곳이 마치 끌로 파낸 것처럼 날카로운 각을 이루는 곳은 없다. 오랜 시간 풍화와 침식으로 깎인 물질이 산지 사면을 따라 차곡차곡 쌓여 와서다. 그런 면에서 산록대는 평지보다 고도가 높으면서도 일정 수준의 자족성을 갖춘 곳이다. 다목적의 성이 필요한 위정자에게 산록대는 매우 흡족한 공간이었던 거다.

독일의 노이슈반슈타인 성은 알프스 산록대에 입지한 성으로 방어와 주변 조망에 유리하다.

산록대에 놓인 두 성에 오르면 주변 지역을 한눈에 조망할 수 있다. 세고비아 알카사르에선 시내를 휘감아 도는 에레스마, 클라모레스강을 굽어볼 수 있고, 만사나레스 엘 레알 성에선 20세기 초반에 조성된 산틸라나 저수지를 내려다볼 수 있다. 성이 축조될 당시로 돌아가 저수지의 물을 걷어내면 두 지역은 모두 화강암 평야라는 공통점이 있다.

독일의 노이슈반슈타인 성에 가도 사정은 비슷하다. 노이슈반슈타인 성에 오르면 시야가 탁 트여 퓌센과 포겐제 호수를 굽어볼 수 있다. 산지의 규모와 기반암의 속성 측면에서 다른 부분이 있지만, 알프스산맥의 산록대에 기댄 성이라는 점에서는 앞서 이야기한 에스파냐의 두 성과 지리적으로 통한다.

하천의 앞뒤 어딘가의 성

프라하 성은 체코 여행의 백미다. 이곳이 프라하의 심장이라 불리는 까닭은 프라하시의 기원지라서다. 프라하 성은 오랜 역사성을 지닌 만큼 증축과 개조를 거듭해 왔다. 성의 주인은 천 년의 넘는 시간 동안 여러 번 바뀌어 왔지만, 오늘날에도 대통령 공관이 자리할 정도로 위상이 높다. 체코의 권력자들은 프라하 성에서 제정일치를 구현해 왔다. 통치와 거주는 물론 종교적 신성까지 훌륭하게 수행해 온 프라하 성은 가히 체코 공화국의 요체라 할 만하다.

프라하 성은 유럽의 독일과 체코를 관통하는 엘베강의 지류인 블타바(몰다우)강 곁에 위치한다. '강 곁'을 지리적으로 표현하자면 하천의 공격면이다. 물이 흐르는 길을 하도(河道)라고 한다. 하도는 발원지부터 바닷물을 만나는 하구까지 때와 장소에 따라 자연스럽게 굽이쳐 흐른다. 하도가 굽이치는 구간을 두부모 자르듯 절개하면 두 지점이 만들어진다. 하나는 하천의 물질이 직접 부딪치는 곳이고, 다른 하나는 상대적으로 유속이 느리고 안전한 곳이다. 전자는 마치 물의 공격을 받는 모양새라 하여 침식이 우세한 '공격면', 맞은편은 반대 논리로 퇴적이 우세한 '보호면'이라 부른다.

프라하 성이 있는 곳은 공격면에 해당한다. 공격면은 꾸준한 침식으로 물질이 한꺼번에 떨어져 나가 급사면의 절벽으로 남는 경우가 많다. 프라하 성의 18세기 지도를 살펴보면 이를 뚜렷하게 확인할 수 있다. 프라하 성은 공격면의 절벽을 축으로 삼아 블타바강을 입구로

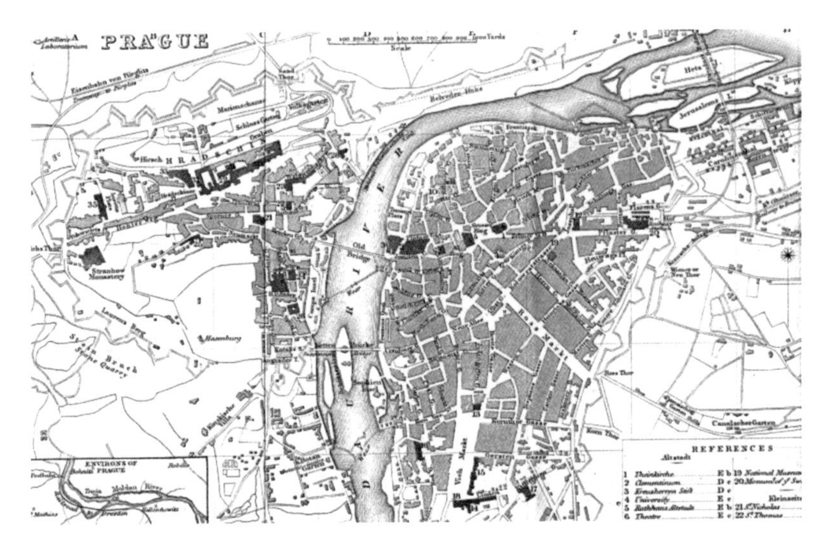

프라하 성 일대의 18세기 지도를 보면 도시를 관통하는 블타바강 왼쪽의 상대적으로 지대가 높은 공격면의 성과, 오른쪽 보호면의 퇴적 지형 간의 관계를 엿볼 수 있다. 권력을 가진 자가 더 높은 곳에 위치한 것은 하천 지형의 특징을 이용한 결과다.

둔 좁고 깊은 성채를 구축해 왔다.

그렇다면 퇴적이 우세한 보호면은 어떨까? 보호면은 넓은 범람원으로 발달하여 사람과 물자가 소통할 수 있는 광장과 시가지가 조성되었다. 자연이 그린 지형 밑그림이 권력자와 대중의 공간을 자연스럽게 구획한 셈이다. 본류인 엘베강을 따라 조성된 독일의 드레스덴 성과 토르가우 성, 나아가 헝가리의 부다페스트 성 역시 규모와 역사성을 달리할 뿐, 모두 하천의 공격면에 조성된 물가의 성이다.

사고를 조금 확장해 보자. 하천의 보호면에 지어진 성은 없을까? 폴란드의 말보르크 성이 대표적이다. 말보르크 성은 발트해 남부의 그단스크만으로 유입하는 비스와강변에 있다. 이 성은 중세 유럽 독일 기사

단의 본부로 활용될 정도로 방어가 중요했음에도, 하천의 공격면이 아닌 보호면에 입지한다. 이는 말보르크 성의 주변 지역이 비스와강이 바다를 만나면서 펼쳐 놓은 넓은 퇴적 지형이어서 가능했다. 균일한 물질로 이루어진 퇴적 지형에서는 공격면과 보호면의 차별성이 뚜렷하지 않다. 말보르크 성은 방어보다 해상 교통의 이점을 극대화하려는 의도가 큰 성이다. 그래서 유럽 성의 입지 패턴으로만 보자면 비주류다.

연속된 언덕 어딘가의 성

영국 잉글랜드의 남동부 켄트주에 가면 리즈 성을 만날 수 있다. 리즈 성은 과거 노르망디 공국의 요새로 오늘날 런던 인근 관광에서 빼놓을 수 없을 정도로 방문객이 많다. 리즈 성을 방문한 이들은 물에 떠 있는 성채의 모습에 야릇한 감성을 느낀다.

공격사면에 놓인 로렐라이 언덕과 카츠 성

로렐라이 언덕은 라인강변에 있다. 뱃사람을 유혹하는 세이렌의 전설을 간직한 로렐라이 언덕은 하천 지형의 관점에서 공격면에 해당한다. 그래서 암초가 많고 조난 사고가 잦다.
주변을 굽어볼 수 있는 언덕면이 연속되는 곳이니 성도 있을 법하다. 지도를 찾아보니 카츠 성이 눈에 띈다. 그렇다면 맞은편 언덕은 어떨까? 역시나 라인펠스 성이 눈에 들어온다. 두 성은 정확히 라인강의 공격면에 위치한다. 하천의 공격면은 상대적으로 방어와 공격에 유리하다. 그런 면에서 라인강에 입지한 성을 확인하는 일은 결국 하천의 공격면을 되짚는 행위와 같다.

영국의 리즈 성은 아름다운 해자와 고즈넉한 분위기로 관광객을 모으고 있다. 해자를 구성하는 물은 불투수층인 점토층에 고인 물이 지표로 드러난 부분에 해당한다.

리즈 성이 아름다운 풍경을 연출할 수 있는 것은 인공 구조물인 해자 덕이다. 해자는 적의 침입을 막기 위해 인위적으로 파낸 성 주변의 물길이다. 지형지물을 이용해 성을 쌓을 수 없는 평지에선 낮은 성벽을 보조하기 위해 해자를 두는 경우가 많았다. 리즈 성의 해자도 비슷한 목적으로 만들어졌다.

지도로 리즈 성 일대를 살피다 보면 궁금증이 생긴다. 해자에 물을 공급할 수 있는 이렇다 할 하천을 찾을 수 없어서다. 리즈 성의 해자는 어떻게 안정적인 유량을 유지할 수 있을까? 정답은 땅 밑에 숨은 지하수다.

리즈 성은 영국의 다운랜드라고 불리는 곳에 있다. 다운랜드는 크고 작은 언덕이 일련의 규칙성을 가지고 발달하는 구조를 띤다. 도버 해협에서 런던에 이르는 구간에는 장막처럼 늘어선 굴곡진 언덕이 이어진다. 큰 시야에서 보자면 도버 해협 쪽의 지점이 가장 높고, 북서 방향으로 갈수록 고도가 낮아지는 흐름이다. 다운랜드의 가장 낮은 지점에는 템스강이 흐르고 그 곁에는 수도 런던이 입지한다. 마치 애벌레의 등처럼 독특한 주름 체계와 닮은 이와 같은 지층 구조를 케스타 지형이라 부른다.

지리적 시선으로 바라본 〈반지의 제왕〉

영국을 무대로 한 『반지의 제왕』은 우리에겐 영화로 더욱 익숙한 소설이다. 영화 〈반지의 제왕〉은 야무진 줄거리와 화려한 특수 효과로 관객의 마음을 사로잡았다. 영화는 숱한 명장면을 연출했다. 그중에서도 단연 최고를 꼽으라면 많은 사람이 미나스티리스 성의 대전투를 떠올릴 것 같다.

미나스티리스 성은 곤도르 왕국의 요새다. 이 성은 어둠의 왕 모르고스를 견제하기 위해 거대한 바위산 일부를 깎아 조성한 것이다. 미니어처 세트에 특수 효과를 입혀 만든 가상의 성이지만, 실재한다면 직접 가 보고 싶을 정도로 정교하고 아름답다. 하지만 지리적 관점에서 보자면 성의 존립에 의구심이 든다. 왜 그럴까?

미나스티리스 성은 거대한 화강암 바위산의 일부다. 이는 거대한 암반의 노출로 확인할 수 있다. 문제는 화강암이다. 화강암 지역은 대체로 물을 구하기 쉽지 않다. 화강암이 풍화되면 대부분 모래가 된다. 모래는 알갱이와 알갱이 사이의 틈, 다시 말해 공극이 커 물 빠짐이 좋다. 그래서 화강암 지역은 생태적으로 불리하다.

나아가 성 주변의 식생 경관을 보면 강수량이 부족한 지역이라는 것도 알 수 있다. 성 앞의 광활한 평원은 키 작은 풀로 뒤덮인 초원이다. 키 작은 초원은 연 강수량이 부족한 반건조 지역에서 잘 나타난다. 결론적으로 미나스티리스 성은 반건조 지역의 화강암에 축조된 성이라 자족성이 좋지 않다. 그래서일까, 지리 문법에 반하는 미나스티리스 성은 묘한 카타르시스를 준다.

케스타 지형은 오랜 시간 겹겹이 쌓여 온 퇴적 지층의 일부다. 그래서 시기에 따라 퇴적 지층의 성질이 다르다. 리즈 성 일대는 여러 퇴적 지층 중에서도 점토층이 주를 이룬다. 점토는 입자의 크기가 매우 작아 물 빠짐이 쉽지 않다. 리즈 성은 이러한 지층 구조 덕에 지하수를 통해 해자에 물을 채울 수 있었다.

리즈 성 지근거리에는 아름다운 해자로 유명한 보디엄 성도 있다. 예상하다시피 보디엄 성 해자의 물은 리즈 성과 동일한 지리적 조건으로 유지된다.

몸짱 도시, 메갈로폴리스

미국 메이저 리그(MLB)는 전 세계 야구 선수라면 누구나 꿈꾸는 무대다. 150년 동안 야구에 관한 거의 모든 기록을 쏟아 낸 곳이기 때문이다. 개인 통산 800 홈런 및 4,500 안타에 근접했던 타자들은 물론이고 통산 5,700개가 넘는 탈삼진을 기록한 투수도 있다. 세계 최고 기록을 보유한 선수들은 명예의 전당에 헌액되면서 긴 야구 인생의 이정표를 세운다.

메이저 리그에서 월드 시리즈 우승컵을 가장 많이 들어 올린 구단은 어디일까? 바로 2009년까지 총 27회의 우승 트로피를 들어 올린 뉴욕 양키스다. 메이저 리그 동부 지구에 속한 양키스는 뉴욕을 연고지로 한다. 대서양 연안에는 뉴욕 양키스를 포함해 메이저리그 동부 지구의 구단이 여럿 있다. 이 가운데 보스턴 레드삭스, 뉴욕 양키스와 뉴욕 메츠, 필라델피아 필리스, 워싱턴 내셔널스, 볼티모어 오리올스로 이어지는 구단들의 지역적 분포 양상은 자못 흥미롭다. 구단들은 마치 실에 구슬을 엮어 놓은 것처럼 열 지어 늘어선 모양새다. 왜 그럴까?

이번 시간에는 메이저리그 명문 구단을 품은 미국 동북부 대서양 연안에 주목해 보기로 하자. 우리는 그곳에서 '몸짱 도시' 메갈로폴리스를 만나게 될 것이다.

몸짱! 메갈로폴리스 탄생의 밑그림

미국 동북부 메갈로폴리스는 (워싱턴 D.C. 통근권인) 버지니아주 리치먼드·노퍽 지역부터 (보스턴 통근권인) 메인주 포틀랜드까지 남북으로 약 970km에 걸쳐 발달해 있다. 동북부 메갈로폴리스의 면적은 미국 전체의 50분의 1에 불과하지만, 인구는 5분의 1을 차지할 정도다.

메갈로폴리스(megalopolis)는 그리스어로 '도시'를 의미하는 폴리스(polis)에 '거대하다'라는 뜻의 접두사 메갈로(megalo-)를 붙여 만든 말이다. 메갈로폴리스는 문자 그대로 거대한 도시의 연속된 집합이라는 뜻이며, 공간적 규모와 특징이 여느 도시에 비해 남다르다. 미국 동북부 메갈로폴리스에는 어떤 지리적 밑그림이 숨어 있을까?

미국 서부에 로키산맥이 있다면, 동부에는 애팔래치아산맥이 자리한다. 애팔래치아산맥은 과거 조산운동의 영향을 받아 형성된 고기 습곡산지로, 북서 방향에서 힘을 받아 북동-남서 방향으로 솟아올랐다. 이러한 방향성에 주목해 보면, 산맥과 해안 사이에 좁고 길게 발달한

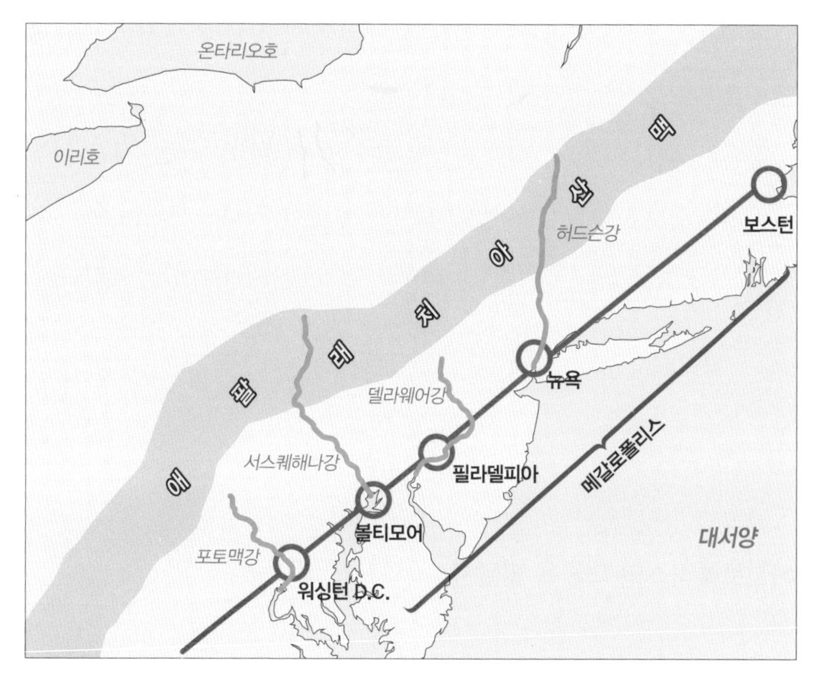

미국 북동부 대서양 연안의 메갈로폴리스는 고기 습곡산지인 애팔래치아산맥에서 발원한 하천의 하구에 위치하는 공통점을 보인다. 북동쪽부터 보스턴, 뉴욕, 필라델피아, 볼티모어, 워싱턴 D.C.로 이어지는 메갈로폴리스는 공간적으로 밀접하게 연결되어 있어 마치 하나의 도시처럼 기능한다.

구릉지가 눈에 들어온다. 그곳이 바로 피드몬트 지역(Piedmont Province)이다. 메갈로폴리스의 범위는 피드몬트 지역과 대체로 일치한다.

애팔래치아산맥에서 시작된 물줄기는 북서-남동 또는 남북 방향으로 흘러 대서양과 만난다. 허드슨강, 델라웨어강, 포토맥강이 대표적이다. 하천은 도시 발달의 핵심 요인으로 특히 하천이 바다와 만나는 자리는 항구로 발달하기에 유리하다. 허드슨강이 대서양과 만나는 곳에는 뉴욕이 발달했다. 같은 논리로 델라웨어강은 필라델피아, 포토맥강은 워싱턴 D.C.를 품었다. 이들 도시는 강의 상류에 조성한 댐으로 생활용수를 감당하고 있기도 하다.

정리하자면, 미국 북동부 메갈로폴리스는 애팔래치아산맥과 대서양 연안 사이에 놓인 피드몬트 지역에 발달한 거대도시권이다. 주요 하천이 대서양으로 유입하는 곳에는 어김없이 대도시가 들어섰다. 그 도시들을 이어 그리면, 마치 염주알 같은 북동-남서 방향의 선이 나타난다.

메갈로폴리스의 대근육 발달사

대부분 일이 그렇듯 메갈로폴리스의 '시작'은 소박했다. 메갈로폴리스의 성장 세포는 1620년 보스턴 인근 플리머스에 도착한 100여 명의 청교도였다. 종교 박해를 피해서 메이플라워호에 오른 이들은 오늘날 메갈로폴리스의 북부, 그러니까 뉴잉글랜드 지역에 도착해 터전을 일궜다.

청교도가 최초로 정착한 보스턴 일대는 성장의 주도권을 쥔 핵심 지역으로 떠올랐다. 하지만 보스턴을 중심으로 한 뉴잉글랜드 지역은 성장에 치명적인 한계가 있었다. 바로 대하천의 부재다. 보스턴에는 찰스강이 있지만, 규모가 작았다.

보스턴이 주춤하는 사이, 대서양 연안의 새로운 강자로 떠오른 도시는 뉴욕이다. 대항해 시대 이후 프랑스, 네덜란드, 영국이 차례로 점령했던 뉴욕은 미국이 독립해 이곳을 첫 수도로 삼으면서 본격적인 성장기에 돌입했다. 뉴욕은 보스턴과 달리 허드슨강이라는 믿음직한 하천이 있었다. 애팔래치아산맥을 깊숙하게 파고든 허드슨강 덕분에 내륙으로 증기선이 오갈 수 있는 입지였다. 그 뒤 이리 운하가 개통하면서 허드슨강과 오대호가 연결되자 뉴욕의 성장 속도는 더욱더 빨라졌다. 뉴욕은 피드몬트 지역에서 태풍의 눈처럼 성장해 일대의 패권을 단숨에 거머쥐었다.

해상 교통으로 성장하던 대서양 연안 도시들은 마치 태풍의 눈에 수렴하는 기류처럼 뉴욕을 중심으로 질서를 잡아 갔다. 메갈로폴리스의 도시들은 청교도 세력이 주를 이룬 터라 문화적 갈등도 적었다. 북동부 메갈로폴리스는 폭넓게 구축된 도시 네트워크를 바탕으로 미국의 각 분야를 이끄는 맹주로 성장했다. 나아가 포토맥강 어귀의 워싱턴 D.C.가 행정수도로 낙점되며 메갈로폴리스 성장에 힘을 보탰다. 될 사람은 뭘 해도 된다고 했던가? 메갈로폴리스는 성장 가도에서 우연히 발생한, 아일랜드의 식량 기근에 따른 이민자 유입과 남북전쟁의 승리로 더욱 힘을 키웠다. 도시 제국 메갈로폴리스는 이처럼 대근육을 키우며 나날이 견고해졌다.

메갈로폴리스의 소근육 발달사

미국 북동부 메갈로폴리스는 대근육 못지않게 소근육 발달에도 힘을

미국 뉴욕시의 맨해튼은 미국에서 가장 인구밀도가 높은 지역 중 하나다. 미국에서 상업적, 문화적, 재정적으로 매우 중요한 공간으로, 세계 마천루의 성지로 불린다.

기울였다. 바로 '교외화'를 통해서다. 교외화는 인구, 공장 등이 중심 시가지에서 도시 주변으로 뻗어 나가는 현상을 가리킨다. 일반적으로 도시의 성장 과정엔 크고 작은 교외화가 수반된다. 하지만 메갈로폴리스의 교외화는 그 양과 질이 여느 도시와 달랐다.

메갈로폴리스의 교외화가 본격적으로 진행된 때는 제2차 세계대전 이후다. 도시의 성장은 자본의 성장과 맞물린다. 그 당시 전승국이던 미국의 경제 상황은 눈에 띄게 좋아졌고, 더불어 교외화도 매우 활발해졌다. 메갈로폴리스의 교외화는 뉴욕, 보스턴, 필라델피아 등의 대도시를 필두로 멀리멀리 퍼져 나갔다. 농부들은 힘든 농사일 대신 편리한 도시의 삶을 선택했고, '지치지 않는 말' 자동차의 대중화는 교외화에 날개를 달아 줬다. 이를 계기로 메갈로폴리스는 몸집 불리기와 내실 있는 소근육 발달이라는 두 마리 토끼를 잡게 됐다.

쾌도난마의 교외화 덕분에 도시와 촌락은 각자 본분에 충실한 길을 택할 수 있었다. 촌락은 도시에 필요한 농축산물을 생산하는 데 집중했고, 도시는 자본과 서비스를 제공하는 데 몰두했다. 대도시에 있던 공장도 넓고 임대료가 저렴한 교외로 나갔다. 공장이 떠난 빈자리는 어느새 고부가가치 산업인 금융업·서비스업이 꿰찼다.

뉴욕 맨해튼에 가면 그런 교외화의 결과를 한눈에 볼 수 있다. 맨해튼에 들어선 유엔(UN) 본부, 하늘을 찌를 듯한 마천루, 세계 금융의 중심지 월 스트리트, 세계의 교차로로 불리는 타임스 스퀘어 등은 교외화를 통해 내실화된 메갈로폴리스의 심장이다. 메갈로폴리스는 안팎으로 근육을 내실 있게 다진 덕에, 어느덧 미국을 넘어 세계 질서에도 남다른 영향력을 갖는 도시 제국이 됐다.

언제까지 성장할 수 있을까

생물은 어릴 때 빠른 속도로 성장한다. 성장 속도는 성체가 되면서 서서히 느려지다가 죽음에 이르러 비로소 멈춘다. 이러한 생물학적 원리를 메갈로폴리스에 대입해 보면 어떨까? 메갈로폴리스는 미래에도 계속 성장할까, 아니면 죽음에 이를까?

오늘날 메갈로폴리스의 성장은 현재 시점에서 바라본 과거의 궤적이다. 축구 선수의 발을 떠난 공이 골인 할지 안 할지는 찰나의 순간만으론 알 수 없다. 메갈로폴리스도 꾸준히 성장해 왔다고 하여 앞으로도 계속 성장할 것이라는 보장이 없다. 하지만 최근 연구 결과는 메갈로폴리스의 지속 가능성에 힘을 실어 주고 있다.

생로병사의 관점에서 생물과 도시는 큰 차이점을 지닌다. 바로 회복 탄력성이다. 생명은 일정한 수명 동안 세포 분열을 통해 삶을 지속한다. 그러나 자신에게 생긴 치명적인 문제를 스스로 치유할 수는 없다. 마찬가지로 인간이 창조한 시스템(이를테면 기업이나 제도)도 마치 생명처럼 생성과 소멸을 반복해 왔다. 이들 역시 수천 년의 세월을 존속한 경우는 거의 없었다. 그런데 도시는 달랐다! 고대 이래 탄생한 도시는 '놀랍게도' 대부분 지금도 살아 있다. 원자폭탄을 맞은 도시도 있지만, 이마저도 회복한 지 오래다. 도시는 단순히 도로, 건물과 같은 기반시설의 합이 아니기 때문이다.

같은 맥락에서 메갈로폴리스도 외연적으로 덩치만 키운 도시권이

메가시티에서 스마트 시티로

메갈로폴리스의 개념과 함께 생각해 볼 주제는 '메가시티'다. 메가시티는 본래 매우 큰 도시를 뜻하고, 그것의 기준은 대개 인구다. 인구만 놓고 보면 메가시티는 선진국과 개발도상국을 가리지 않는다. 완만한 도시화로 인구 정점에 이른 선진국의 도시나, 급격한 도시화로 인구가 치솟는 개발도상국의 도시 모두 인구 면에선 메가시티다.

최근 환경 문제가 대두되면서 메가시티의 지속 가능성에 관한 의구심이 크다. 그래서 '스마트 시티'가 거론된다. 도시에서 발생할 수 있는 문제를 첨단의 기술을 빌려 선제적으로 통제하고, 나아가 여러 인프라와 서비스가 최적화되고 지능화되는 도시는, 어느새 공상과학 영화에서 뛰쳐나와 스마트 시티로 재현되고 있다. 몸집이 커질 대로 커진 메가시티의 미래는 그래서 스마트 시티일 확률이 높다.

아니다. 메갈로폴리스는 소속 도시들의 수많은 시행착오를 바탕으로 그것을 치유하고 교정해 온 정교한 네트워크의 결과물이다. 수많은 컴퓨터를 병렬로 연결해 슈퍼컴퓨터를 만들듯, 메갈로폴리스는 각 도시가 병렬로 연결되어 이합집산이 자유롭다. 메갈로폴리스에선 필요에 따라 도시를 구성하는 요소 간의 융합과 분리가 자연스럽게 이뤄지고 있다. 상황이 이러하다면, 메갈로폴리스의 미래는 다소 낙관적이라고 할 수 있겠다. 그렇지만 섣부른 예단은 금물이다. 도시의 존폐는 어디까지나 복잡계의 영역이니까.

스타벅스와 세 개의 황금 공간

일의 능률이 오르지 않을 때면 에스프레소 더블 샷이 생각난다. 사랑하는 이와 아름다운 숲길을 걸을 때면 감미로운 카페 라테 한 잔이 생각난다. 서재에서 바흐의 무반주 첼로 곡을 듣는다면? 아마도 갓 내린 스페셜티 커피 한 잔이 생각나지 않을까?

주지하다시피 커피는 오늘날 세계 음료의 종결자다. 커피는 시나브로 주류를 제치고 세계 음료 판매량을 석권했다. 그래서 앞서 열거한 사례는 지구인의 보편적 일상으로 자리매김한 지 오래다.

커피 왕국의 질서를 주도하는 기업은 스타벅스다. 스타벅스는 공룡으로 치자면 커피 업계의 티라노사우루스 렉스다. 압도적인 매장 수와 전략으로 세계 커피 시장을 쥐락펴락해서다. 출근길 스타벅스에 들러 모닝커피를 사고, 점심 후 동료들과 스타벅스에 들러 담소를 나누며, 퇴근 후 스타벅스에서 미팅하는 일은 꽤 익숙한 도시 풍경 중 하나다.

흥미로운 것은 스타벅스가 거대 커피 제국을 건설하기 위해 세 개의 '황금 공간'에 주목했다는 점이다. 그게 뭘까?

제1의 공간, 커피 벨트

원초적이면서도 본질적인 물음을 던져 보자. 그 많은 스타벅스 매장의 원두는 어디에서 오는 걸까?

이를 이해하기 위해 우선 세계지도에 적도를 그려 보자. 적도를 기준으로 위로는 멕시코 북쪽의 국경선, 아래로는 오스트레일리아 허리선을 잡아 수평선을 그어 보자. 놀랍게도 세계의 커피나무 대부분은 그 사이 지역에서 생육한다. 커피나무가 잘 자라는 이와 같은 띠 모양의 범위를 '커피 벨트'라고 부른다. 커피 벨트는 남·북위 23.5도를 지나는 남회귀선·북회귀선 사이의 범위와 대략 일치한다. 해당 지역은 지구에서 태양 에너지를 가장 집중적으로 받는 범위다. 그래서 열대 및 아열대 기후가 나타난다. 커피나무의 생육은 열대 및 아열대 기후에서 유리하다.

하지만 이렇게 뭉뚱그리기엔 커피나무는 생육 조건이 조금 까다롭다. 커피 벨트 내에서도 기온, 강수량, 토양의 산성도, 지형의 경사도,

일반적으로 재배되는 커피나무 종은 크게 로부스타와 아라비카종 두 종류다. 전 세계적으로는 아라비카종이 약 60%를 차지하고 있다. 커피나무 열매에서 갓 빼낸 콩은 생두, 생두를 일정 온도에서 로스팅하여 커피를 내릴 수 있도록 볶은 콩을 원두라고 한다.

일조량 등의 요구 사항이 많아서다. 요구 사항 중 하나라도 기준치를 넘거나 미달하면 커피 열매의 상품성은 현저히 낮아진다. 커피 벨트 내에서 커피 농사를 짓지 못하는 곳이 많은 이유다.

커피 벨트 내에서 좋은 커피를 얻을 수 있는 곳은 주로 고원이다. 고원은 저지대보다 서늘하다. 기온은 커피의 품질에 가장 큰 영향을 주는 요소다. 고품질의 생두는 연평균 기온 15~25℃ 내외에서 서리가 내리지 않는 곳이라야 수확이 원활하다. 커피 벨트는 기본적으로 최한월 평균 기온이 18℃ 이상인 열대 및 아열대 기후다. 그래서 해발 고도라는 기후 요인이 개입하여 커피의 까다로운 기온 조건을 충족해야

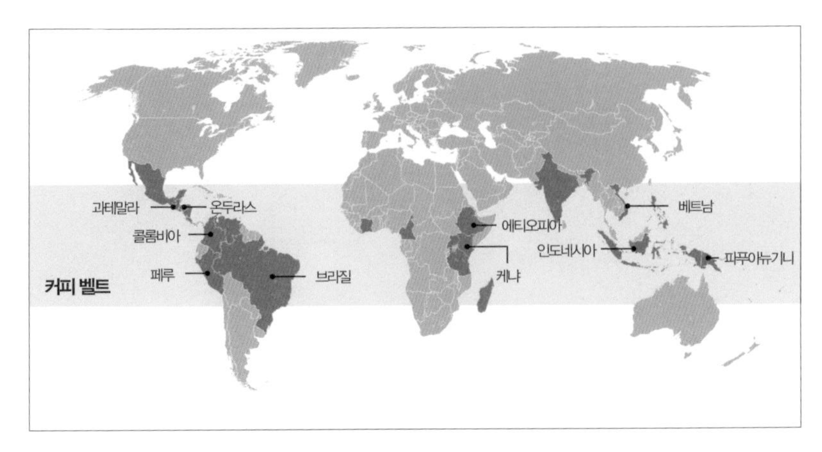

커피 벨트는 남회귀선·북회귀선 사이의 커피 재배 적지를 일컫는 말이다. 세계의 주요 커피 생두는 이 범위 내에서 재배되며, 스타벅스의 주된 생두 공급처 역시 이들 범주에 속한다.

농사가 원활하다.

아프리카의 에티오피아고원은 이런 조건을 갖춘 대표 지역이다. 에티오피아고원은 해발 고도가 높아 연평균 기온이 15~20℃ 내외로 일정하다. 나아가 토양 조건도 훌륭하다. 에티오피아고원은 유기물이 풍부한 화산 토양이 주를 이룬다. 이는 지구 내부 운동이 활발한 동아프리카 열곡대(25쪽 그림) 곁에 있어서 가능한 일이다. 세계 유통 커피 원두의 60% 이상을 차지하는 아라비카종이 에티오피아고원에서 기원한 것은 우연이 아니다.

스타벅스는 이렇듯 까탈스러운 조건에서 수확한 생두를 쓴다. 아프리카의 에티오피아와 케냐, 남미의 브라질과 콜롬비아, 동남아시아의 베트남 등이 스타벅스 생두의 주요 공급처다. 생두는 본사가 있는 미국은 물론 네덜란드, 중국 등에서 로스팅을 통해 원두로 가공한다. 원두는 최적의 운송 시스템을 통해 세계 각지의 스타벅스 매장으로 간다. 그런 면에서 스타벅스 제1의 공간은 커피 벨트다.

제2의 공간, 핫 플레이스

번화한 대도시 중심가에서 주변을 둘러보면 쉽게 스타벅스를 찾을 수 있다. 스타벅스는 그야말로 커피 업계의 '핵인싸'다. 해외 어느 곳을 여행하더라도 스타벅스 커피를 즐길 수 있을 정도다. 상황이 이러다 보니 건물주는 스타벅스 모시기에 열을 올린다. 스타벅스 매장이 들어서면 유동 인구가 많아져 지대가 올라가는 효과를 누릴 수 있다. 하지만 스타벅스 입점은 어지간해서는 허락되지 않는다. 커피나무 버금가는 까탈스러운 조건을 만족해야 가능한 일이라서다.

스타벅스 매장의 입지는 지리정보시스템(GIS)을 활용한 '아틀라스(Atlas)' 프로그램을 통해서 결정된다. 아틀라스는 오직 스타벅스 매장을 기획하고 입점을 결정하기 위한 전문 프로그램이다. 아틀라스는 입점 예정지의 유동 인구, 경쟁 업체의 상황, 교통량 등을 종합적으로 분석하여 입점을 결정한다. 스타벅스는 이들 지표를 종합하여 기준에 미달하면 입점을 보류한다. 이렇듯 잘 짜인 아틀라스의 운용 권한은 현지의 파트너에게 일임된다. 매장을 연 뒤에도 급변하는 현지 사정에 발맞춰 매장을 효율적으로 운영하기 위해서다.

다국적 기업 스타벅스의 현지화 전략은 정평이 나 있다. 한국의 한

옥이나 일본의 다다미방 등 각 나라의 전통 가옥을 모방하는 것은 기본이다. 아메리카 선주민의 고장에선 선주민 가옥처럼 건물을 짓고, 이슬람권 국가에선 모스크 형식으로 매장을 꾸미기도 한다. 기차의 객실이나 항공모함 같은 이동하는 교통수단에도 특별한 매장을 갖추고 있다.

이렇듯 까다로운 입점 전략과 탁월한 현지화 전략을 통해 스타벅스가 얻고자 하는 바는 뭘까? 그것은 현지의 수요와 문화를 아우를 수 있는 제2의 공간, '핫 플레이스'의 창출이다. 스타벅스는 세계 어디서나 핫 플레이스가 되고자 한다. 지구 시민 모두가 스타벅스 커피를 마시며 해외에서도 그 취향을 공유하길 원하는 것이다. '핫 플레이스 스타벅스'에서 커피 한 잔을 곁들인 인증샷을 찍어 SNS에 올리는 일!

스타벅스 본점과 서안해양성 기후

스타벅스의 로고에 그려진 여인은 세이렌이다. 세이렌은 뱃사람을 유혹하는 전설의 요정으로 알려져 있다. 멜빌의 소설 『모비 딕』 속 포경선의 항해사 '스타벅'이 세이렌에 이끌려 위험에 처하는 상황에서 모티프를 가져왔다.
스타벅스의 본점은 미국 서부 시애틀에 있다. 시애틀은 서안해양성 기후로 연중 습윤한 기후가 특징이다. 태평양에서 꾸준히 밀려오는 습윤한 공기는 도시를 촉촉이 적신다. 그래서 서안해양성 기후 지역에 가면 따뜻한 차 한 잔, 커피 한 잔이 떠오른다. 이 점에 착안한 창업자들은 시애틀에서 색다른 커피 사업을 계획했고, 해안 부둣가의 창고를 개조해 스타벅스 1호점을 열었다.
1호점의 위치는 대서양으로 열린 바다의 공기가 배후의 산지를 만나 비를 내리는 공간이다. 스타벅스의 태동이 건조한 사막이나 강수량이 많은 열대몬순 기후이기는 힘들다. 마찬가지로 서안해양성 기후가 탁월한 영국의 차 문화는 서안해양성 기후의 스타벅스와 지리적으로 통하는 문화 코드인 셈이다.

스타벅스가 원하는 바는 아마도 이러한 우리의 모습이 아닐까?

제3의 공간

우리는 삶의 대부분을 집, 소속 집단, 그리고 '제3의 공간'에서 보낸다. 집은 보통의 사람이라면 일생에서 가장 많은 시간을 보내는 안식처다. 소속 집단은 학생이라면 학교, 직장인이라면 직장, 군인이라면 군대다. 그러면 '제3의 공간'은 뭘까? 제3의 공간은 집과 소속 집단 이외의 공간이라는 뜻에서 미국의 사회학자 레이 올든버그가 주창한 개념이다. 제3의 공간에선 누구의 간섭 없이 혼자만의 시간을 보낼 수 있다. 그런 면에서 제3의 공간은 누구에게나 열린 공적 장소이되 사적 장소로의 기능을 한다.

스타벅스에서 일에 몰두하는 사람이 대표적이다. 그들은 좁은 테이블에 사적 공간을 구축한 채 노트북, 책, 기획안 등과 씨름한다. 시간 제한은 영업 시간 종료까지다. 테이블 사이로는 누구든지 자유롭게 다닐 수 있다. 심지어 바로 옆 테이블에 앉아 아무렇지 않게 뒷담화를 할 수도 있다. 공적 플랫폼이되 사적 자유를 허용하는 장소라서 가능한 일이다. 고개를 돌려 사방을 둘러봐도 아는 사람은 없다. 사회적 관계망이 첨예화된 현대인은 역설적으로 익명의 군중 속에서 남다른 휴식을 취할 수 있다. 이것이 제3의 공간이 추구하는 본질이다.

스타벅스는 현대인의 필요를 간파하여 꾸준히 제3의 공간을 창출

커피점은 단순히 커피를 마시는 행위 그 이상의 공간적 의미를 지닌다. 건물의 밀도가 높은 도심 지역일수록 사람이 쉴 수 있는 공간이 부족한데, 그 공간을 건물마다 입지한 커피점이 훌륭히 메워 준다.

해 왔다. 감성 인테리어를 갖춘 스타벅스의 매장에는 양질의 커피와 먹을거리가 한가득이다. 이런 면에서 스타벅스는 "커피가 아닌 공간을 판다"는 주장도 설득력이 높다.

길을 걷다 바라본 스타벅스의 쇼윈도 안에는 작고도 단단한 사적 공간을 구축한 사람들이 보인다. 머지않아 내가 그 안의 사람이 되고, 그 안의 사람이 지금의 내가 될 것이다. 스타벅스는 내면의 휴식을 취할 수 있는 현대인의 또 다른 보금자리인 셈이다.

스타벅스와 기후 변화

다국적 커피 기업 스타벅스의 성장은 긴 호흡에서 늘 꾸준했다. 이런 추세라면 당분간 스타벅스의 아성에 도전할 만한 기업이 출현하기는 어려울 것 같다. 하지만 근원적이고도 민감한 변수가 개입한다면 스타벅스의 커피 산업이 멈춰 설 수도 있다. 그것은 기후 변화다.

커피 업계는 기후 변화가 두렵다. 기후 변화가 지속되면 대기의 평균 기온이 올라가 커피나무의 생육을 위협할 수 있다. 커피나무는 기온 변화에 매우 민감해 기온이 오르면 엽록소가 파괴되는 녹병을 앓는다. 커피 녹병은 커피나무의 입장에서 팬데믹이다. 커피 녹병이 창궐하면 일대의 커피나무 열매는 삽시간에 상품성을 잃는다. 19세기 스리랑카와 인도가 그랬고, 20세기엔 인도네시아가 그랬다.

스타벅스는 기후 변화를 숙명적 과제로 보고, 이를 늦추기 위해 각고의 노력을 기울이고 있다. 친환경 표준에 맞는 매장 건설하기, 재생에너지를 활용한 로스팅 기법 도입하기, 선순환 작황을 위한 커피 농가 지원하기 등의 정책은 그 일환이다. 하지만 지구 온난화는 날이 갈수록 기세등등하다. 기후 변화를 특정 국가나 기업의 노력만으로는 해결할 수 없는 전 지구적 문제라서 그렇다.

만약 지구 온난화의 상황이 나아지지 않는다면 커피 생산지는 어떠한 변화를 맞게 될까? 에티오피아고원의 해발 1,200~2,200m 고도에서 재배되던 커피나무는 서늘한 곳을 찾아 더 높이 올라갈 것이다. 지구 평균 기온 상승으로 커피나무를 지금보다 고위도 지역에서 재배할 수 있으므로, 커피 벨트의 범위는 넓어질 것이다. 이러한 변화를 단순한 재배 지역의 변화 정도로 이해할 수도 있다. 하지만 기온 조건을 맞춘다고 생육 조건까지 함께 충족되지는 않는다. 기후 변화가 두려운 이유다.

신기 조산대가 준 선물, 이탈리아 벼농사

이탈리아의 리소토, 베트남의 쌀국수, 에스파냐의 파에야는 이른바 세계화에 성공한 '쌀 요리'라는 공통점이 있다. 그중에서도 가장 친숙한 음식을 꼽으라면 볶음밥과 비슷해 거부감이 적은 리소토가 아닐까 싶다. 우리의 입맛에 맞게 전복, 회 등 지역 특산물을 결합한 레시피 개발도 이루어져 거부감이 적은 것도 장점이다. 리소토는 최근 혼자 밥 먹는 일이 많아진 현대인에겐 김치볶음밥의 대항마로도 주목받고 있기도 하다.

이탈리아와 '쌀 요리'는 어딘지 모르게 어색한 느낌을 준다. 새하얀 웨딩 드레스를 입은 배우 마동석을 연상하는 느낌이랄까? 마치 '전주=비빔밥'처럼 '이탈리아=피자, 파스타'라는 이미지가 너무 강한 탓인지도 모른다.

이탈리아와 쌀 요리 사이의 어색한 분위기를 개선해 보자. 지리학의 관점에서 둘은 제법 잘 어울리는 한 쌍이니까!

이탈리아에 벼농사가 정착되기까지

우선 이탈리아 벼농사의 간략한 신상 정보를 살펴보자.

벼의 원산지는 인도 북동부와 중국 남부로 알려져 있다. 약 1만 년 전에 시작된 벼 재배는 대하천을 따라 인도와 동남아시아 등지로 전파되었다. 오랜 기간 아시아권에 머물던 벼는 이내 서쪽으로 방향을 잡아 아나톨리아 일대와 북아프리카 지방으로 진출했다.

이탈리아의 벼는 8~14세기경 북아프리카에서 이베리아반도를 거쳐 지중해 일대로 유입된 것으로 전해진다. 이를 바탕으로 이탈리아의 본격적인 벼농사 정착 시기를 어림잡으면 약 15~16세기가 된다. 그때는 마침 '대항해 시대'를 맞은 유럽이 신대륙에서 각종 다채로운 작물을 들이던 시기다. 새로운 작물들이 곧 리소토의 풍성한 부재료가 되었음은 물론이다. 이탈리아 벼농사의 역사는 길다면 길고 짧다면 짧지만, 인류사에 견주면 오래지 않다.

이탈리아에서는 주로 어느 지역에서 벼를 재배할까? 바로 북부의 포강 유역이다. 한편 이탈리아의 남부 지방에서는 주로 밀을 재배한다. 이러한 경작 패턴의 차이는 곧 음식 문화의 차이로 이어졌다. 이탈리아의 남부 지방은 피자와 파스타로 대표되는 밀 요리, 북부 지방은 리소토를 비롯한 쌀 요리가 주를 이룬다.

제법 뚜렷하게 이분된 경작 패턴에 관해선 다양한 시각이 있다. 역사적 갈등을 반목해 온 남북 간의 문제로 생각하거나 경제력 또는 문화적 주도권 싸움으로 보는 견해도 존재한다. 하지만 이런 논리로는 이탈리아 음식 문화의 지역 차를 개운하게 풀어낼 수 없다.

공간의 문제이니 지리학적 관점으로 풀어 보면 어떨까? 이를테면 벼 재배가 적합한 곳에선 쌀 요리가, 밀 재배가 적합한 곳에서는 밀 요리가 발달했다고 생각해 보는 것이다. 뻔한 답 같지만, 이탈리아 북부 벼농사의 비밀은 공간을 중심으로 생각하면 제법 명쾌하게 풀 수 있다.

지리로 검증하기 하나: 포강 유역의 지형 조건

이탈리아 북부의 포강 유역은 유럽 최고의 벼농사 지역으로 군림해 왔다. 에스파냐 남동부와 프랑스 론강 하구 지역에서도 벼를 재배하고 있지만, 상징성으로 볼 때 이탈리아 포강 유역과 비교하기는 어렵다. 포강 유역이 유럽 벼농사의 중심으로 부상한 이유는 여럿 있겠으나, 먼저 땅의 생김새가 눈길을 끈다.

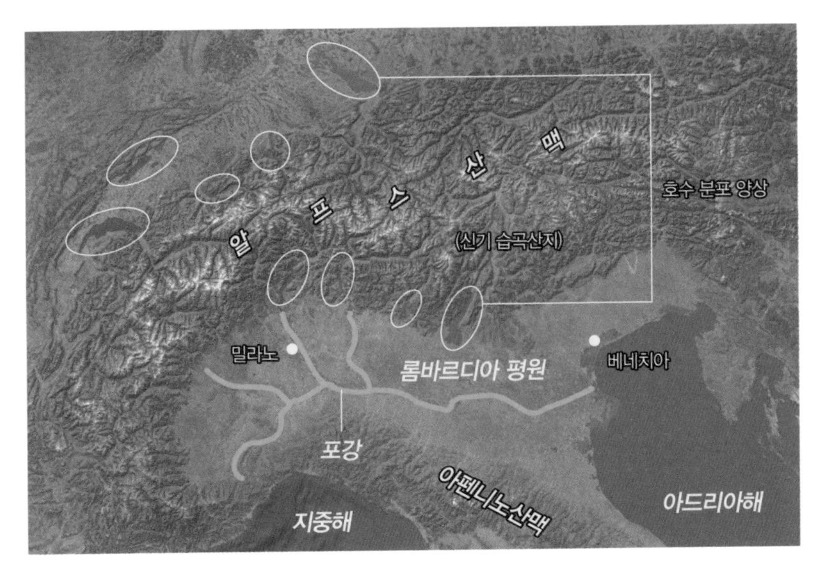

이탈리아 북부 포강 유역에는 배후 알프스산맥에서 공급된 유량으로 퇴적 물질이 공급되어 롬바르디아 평원이 조성되었다. 알프스산맥 기슭에는 물을 막아 용수 확보를 위한 인공 호수가 즐비하다.

지도에서 이탈리아 북부를 살피다 보면 동서 방향으로 움푹 파인 넓고 긴 형태의 평원을 만날 수 있는데, 그곳이 바로 포강 유역이다. '롬바르디아 평원'으로 불리는 이곳은 농업과 경제, 문화를 주도한 역사 도시 밀라노를 품고 있기도 하다. 포인트는 알프스 산지를 파고든 길쭉한 생김새가 일대의 벼농사와 모종의 관계가 있다는 것!

알프스산맥은 신생대 유럽판과 아프리카판의 활발한 움직임으로 형성된 신기 조산대다. 당시 조산운동으로 솟아오른 곳은 이탈리아반도의 아펜니노산맥에서 알프스산맥으로 이어지는 굽은 모양의 산지가 되었고, 반대급부로 내려앉은 자리는 바닷물이 들어와 아드리아해가 됐다. 아드리아해에서 조금 더 깊숙이 들어간 포강 유역도 과거 바닷물

포강 유역에 펼쳐진 롬바르디아 평원에서는 알프스 산지에서 공급되는 안정적인 유량 덕분에 여름철 고온건조한 기후를 살려 벼농사를 지을 수 있다.

이 드나드는 만이었다. 그래서 포강 유역을 바다로 바꿔 보면, 해안선의 드나듦이 복잡한 해안과 비슷한 모습임을 깨닫게 된다. 오늘날 포강 유역이 두꺼운 충적평야(하천 주변에 모래, 자갈, 진흙 등이 쌓여 생긴 평야)를 이룰 수 있었던 것은 산지와 평원의 조합 덕이다.

포강 유역을 둘러싼 산지들을 보면 아드리아해 주변보다 훨씬 해발고도가 높고 체적(부피)도 크다. 그래서 많은 양의 물질이 포강 유역으로 공급된다. 가파른 경사면을 따라서 포강 유역으로 모인 퇴적물은 얕은 수심의 협만을 조금씩 평원으로 바꾸어 놓았다. 마치 거푸집에 시멘트를 부어 채우는 과정처럼 말이다. 그간 얼마나 많은 물질이 공급되었는지는 포강 유역의 면적과 너비로 쉬이 짐작할 수 있다. 하천이 곁에 있어 물을 대기 쉬운 평야는 벼농사의 최고 적지다! 그래서 포강 유역은 벼농사가 활발하다.

지리로 검증하기 둘: 포강 유역의 기후 조건

이탈리아는 삼면이 지중해로 둘러싸인 반도국으로, 지중해성 기후가 잘 나타난다. 지중해성 기후는 여름엔 '고온·건조'하고, 겨울에는 '온난·습윤'한데, 이는 일반적인 상식과는 다른 기후 패턴이다. 기후 구분의 창시자 블라디미르 쾨펜(Wladimir P. Köppen)이 유일하게 '지중해'라는 고유명사를 활용한 이유도 이와 같은 독특한 기후 패턴 때문이다.

아열대성 작물인 벼는 성장기에 높은 온도와 충분한 물이 필수다. 밀이나 옥수수처럼 '소탈한' 성격이 아니라서 고온하고 다습한 조건을 충족하는 곳에서만 제한적으로 자란다. 고온·다습한 계절풍이 탁월한 몬순 아시아 지역에서 전 세계 쌀 생산량의 4분의 3가량을 생산하는 이유도 그 때문이다. 중위도에 자리한 우리나라에서 일 년에 한 번이라도 벼를 수확할 수 있는 것은 아열대의 북태평양 기단이 찾아와 고온·다습한 환경을 만들어 주기 때문이다.

여름철이 '건조'한 이탈리아의 지중해성 기후는 어쩐지 벼와 궁합이 안 맞아 보인다. 하지만 벼의 생육 조건을 조금 더 면밀히 따져 보면 사정이 달라진다. 벼는 한창 성장할 때 충분한 일조량이 필요하다. 우리나라에서도 장마가 길어 구름이 자주 끼고 일조량이 적으면 쌀 수확량이 떨어진다. 그런 면에서 고온·건조한 지중해의 여름은 벼의 생육에 최적의 조건이다. 여름철 강수량이야 기준치에 턱없이 부족하지만, 일조량은 최고점을 줄 수 있다는 거다.

이쯤에서 생각을 조금 비틀어 보면, 물 공급이 충분한 조건이라면 외려 고온·건조한 환경이 쌀 수확량을 높이는 데 더 좋음을 깨닫게 된다. 아차 싶은 생각으로 포강 유역을 재차 살펴보니, 이제야 거대한 물탱크가 눈에 들어온다. 포강 유역을 인자하게 굽어보는 알프스 산지가 바로 그 물탱크다.

포강 유역의 축복, 알프스의 물탱크

농경의 역사는 곧 관개의 역사다. 강수량이 턱없이 부족한 건조 지역이라도 물 공급이 원활하다면 농사를 지을 수 있다. 포강 유역의 환경은 다음 두 가지의 사실을 말해 준다. 굵직한 지류 모두가 알프스 산지에서 발원한다는 점과, 알프스 산지 정상부에는 하얗게 내려앉은 산악빙하와 만년설이 풍부하다는 것. 이는 포강 유역이 눈이 녹은 융설수와 빙하가 녹은 융빙수가 풍부한, 물탱크를 확보한 지역임을 뜻한다. 그래서 포강은 유량이 풍부하고 안정적이다. 천혜의 물탱크를 좀 더 안정적으로 관리할 요량이라면 댐을 조성할 수도 있다.

포강 유역은 이러한 지리적 조건을 십분 활용하여 지중해의 여름 건기를 무색하게 만드는 대규모 논을 조성할 수 있었다. 밀라노행 기

알프스의 물탱크와 에비앙 생수

신기 조산대는 그 자체로 거대한 물탱크다. 해발 고도가 높아 대륙 빙하와 만년설을 간직할 수 있어서다. 이곳에서 내려온 물은 특히 땅이 갈라진 자리에 집중적으로 모여 활처럼 휜 모양의 호수를 이루는 경우가 많다. 프랑스의 생수 기업 에비앙은 바로 그 호수의 물을 판매하는 전략을 취한다. 일대의 주된 기반암은 석회암인데, 석회암은 물에 잘 녹아 식수로서 부적합한 경우가 많다. 그래서 신기 조산대 알프스에서 공급되는 물은 소중하다.

에비앙 생수통에 그려진 하얀 설산은 유럽의 명산, 몽블랑이다. 몽블랑이 굽어보는 마을이 에비앙이고, 에비앙 마을에선 몽블랑이 제공한 물을 판다. 에비앙 생수는 인간과 대지의 좋은 상호작용의 사례다.

차에서 알프스 산지를 따라 펼쳐진 벼농사 지대를 바라보는 일은 그래서 가능했다.

캘리포니아에서도 벼농사를 짓는다고?

지금까지 이야기한 내용에서 가장 주목할 만한 사실은 '신기 조산대의 담수 공급 능력'이다. 만년설과 산악빙하를 보유한 신기 조산대는 그 자체로 훌륭한 물탱크다.

미국은 옥수수와 밀의 이미지가 강한 나라지만, 수출 목적 및 '초밥' 수요 증가로 벼농사도 활발하다. 특히 서부 캘리포니아 일대와 미시시피강 유역의 아칸소 등지에서는 제법 많은 벼를 재배하고 있다. 그중 이탈리아 포강 유역과 비슷한 조건을 지닌 곳은 캘리포니아주 북부의 새크라멘토 일대다. 새크라멘토는 샌프란시스코 배후의 '센트럴 밸리' 지역에 있다. 이곳은 지구 내부 에너지의 힘으로 험준한 신기 습곡산지가 만들어졌고, 그 안에 구멍이 뚫린 것처럼 내려앉은 분지가 공존한다. 지도를 찾아 포강 유역과 비교하면 어쩐지 비슷한 느낌이 든다. 실제로도 두 곳은 여러 면에서 상당히 유사하다. 두 지역은 지중해성 기후, 공급 물질이 많은 충적평야, 그리고 벼농사를 짓는 공통점이 있다.

그렇다면 여름철이 고온·건조한데도 이 지역에서 벼농사를 지을 수 있는 까닭은? 그렇다. 캘리포니아 일대를 인자하게 굽어보는 시에라네바다 산지 덕이다. 요컨대 신기 조산대에 하얗게 내려앉은 만년설과 빙하는 아름다운 풍광 이상의 공간적 가치를 지닌 존재다.

지중해의 시작과 끝, 해협에서 꽃핀 종교 건축

미니스커트 입은 남자, 수염 기른 여자를 본다면 우리 뇌는 어떤 반응을 보일까? 아마도 인지 부조화를 느끼지 않을까? 기존 통념에 반하기 때문이다. 살몃살몃 어색함을 느끼는 지점은 우리 이성과 감정의 심리적 '경계'쯤에 해당할 듯싶다. 하이힐을 신은 남자는 인지 부조화를 넘어 모종의 긴장감까지 선사한다. 무엇과 무엇의 '경계'는 사뭇 매력적이다.

우리가 살아가는 지구 공간에도 경계가 존재한다. 선 하나로 국가가 달라지는 이분법적 경계가 있는가 하면, 기존 질서를 해체하고 재구성하도록 이끄는 경계도 있다. 특히 후자의 '경계'에서는 새롭고도 흥미로운 무언가가 만들어진다. 이는 섞이기에 유리한 지리적 이점 때문일 것이다.

오늘은 지리적 경계로서 의미가 남다른 '해협(strait)' 이야기를 해 보려고 한다. 지중해의 경계에 가면 이질적인 요소들이 빚어낸 흥미로운 세계문화유산들을 만날 수 있다.

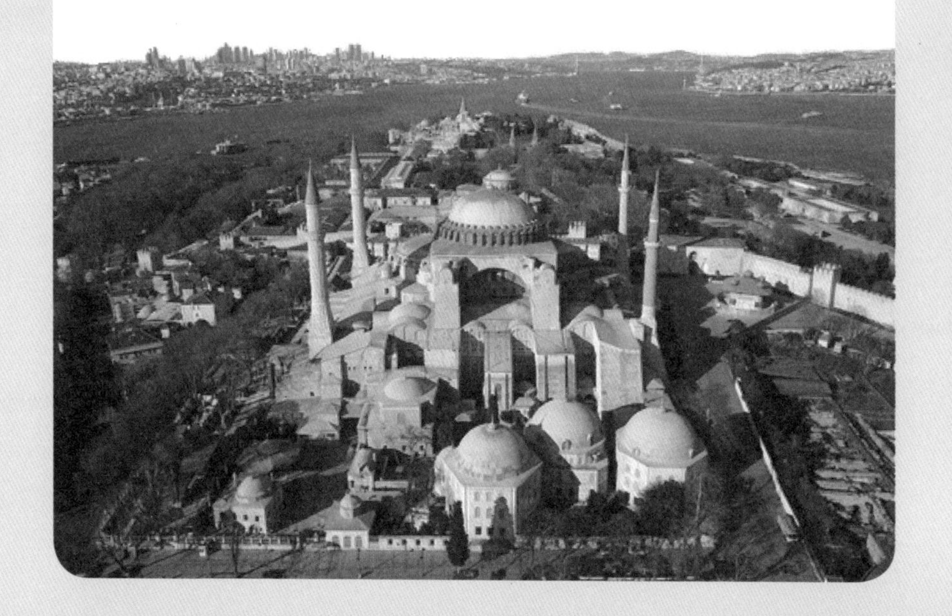

지중해에서 알아보는 해협의 의미

해협은 육지와 육지 사이에 낀 좁은 바닷길이다. 여기서 좁다는 건 어느 정도를 말하는 걸까? 남아메리카와 남극 사이의 드레이크 해협은 너비가 650km 정도로, 해협이라고 부르기엔 폭이 넓다. 하지만 한반도와 일본 규슈 사이의 대한 해협은 좁은 수로의 너비가 64km이고, 지중해의 보스포루스 해협의 폭은 채 1km가 되지 않는다. 이처럼 해협의 너비는 제각각이지만, 대양의 스케일에서라면 해협은 확실히 좁은 바다다.

지중해는 그 범위가 양끝의 좁은 해협으로 구획되어 있다. 서쪽으로는 지브롤터 해협을 두고서 대서양과 마주하고, 동쪽으론 다르다넬스 해협과 보스포루스 해협으로 흑해와 구분된다. 흥미롭게도 남동쪽으로는 인간이 절개한 수에즈 운하를 통해 홍해와 연결되어 있기도 하다. 경계가 모두 해협이다 보니 지중해를 바라보면 상당히 폐쇄적인 느낌이 든다.

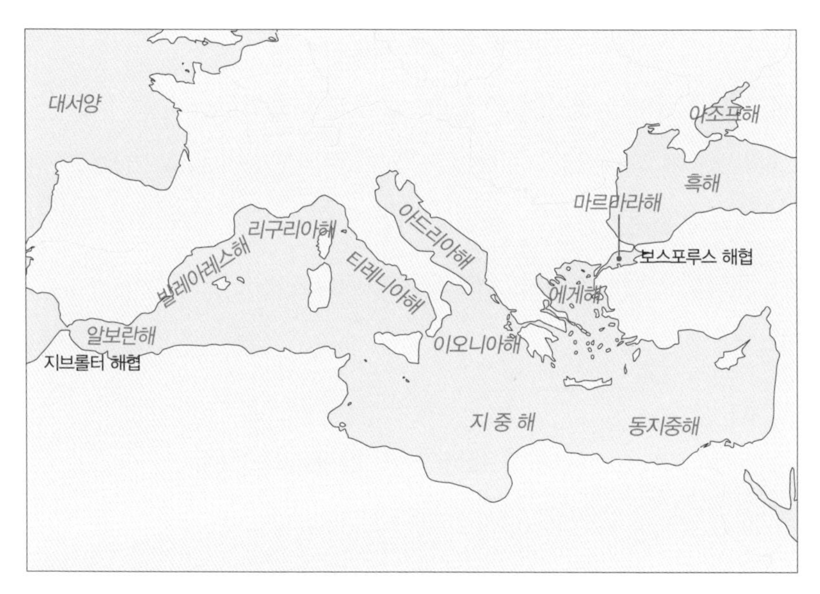

지중해의 서쪽 입구는 지브롤터 해협이며, 동쪽으로 가면서 여러 구역으로 나뉜 작은 바다가 이어진다. 지브롤터 해협엔 알람브라 궁전, 마르마라해와 흑해를 연결하는 동쪽 끝 보스포루스 해협엔 아야 소피아에서 문명의 문화적 정수가 건축 양식으로 발현되었다.

지중해가 이렇게 좁은 해협에 갇힌 이유는 유라시아판과 아프리카판이 만나는 자리이기 때문이다. 판들이 혈투를 벌이며 남긴 상흔, 그중에서도 유독 깊고 강하게 팬 상처를 해협으로 보면 이해가 쉽다. 실제로 지브롤터 해협과 보스포루스 해협은 모두 땅을 절개하는 단층선이 지나가는 곳이다. 이 해협들은 지중해를 대서양과 흑해 사이의 바다가 될 수 있도록 경계 지어 줬다. 그 밖의 단층선들은 폐쇄된 지중해를 여러 조각으로 나누는 역할을 했다.

지중해는 대륙적 규모로 보면 동서로 긴 바다지만 지역적 규모에선 알보란해, 발레아레스해, 리구리아해, 티레니아해, 아드리아해, 이오니아해, 에게해, 마르마라해 등으로 나뉜다. 이 대목에서 우리는 해협이 바다를 나누는 동시에, 역설적으로 그들을 통합하는 요충지라는 사실을 깨닫게 된다. 더구나 해협은 대개 손만 뻗으면 닿을 거리인지라 "건너가도 될까?" 보다는 "빨리 건너편으로 가라"고 인간을 독려해 왔다. 해협은 인간을 새로운 장(場)으로 안내하는 관문과도 같았다.

경계에서 피어난 지브롤터 해협의 꽃, 알람브라 궁전

대서양에서 지중해로 진입하는 관문인 지브롤터 해협은 유라시아판과 아프리카판이 낸 강한 상흔에 해당한다. 본디 분리되어 있던 대서양과 지중해를 연결할 정도로, 상처는 깊고 날카로웠다. 이를 통해 지중해로 들어가는 관문이자 유럽과 아프리카의 지리적 경계라는 지브롤터 해협의 지정학적 의미가 만들어졌다.

수에즈 운하가 없던 시절, 대서양으로 나가는 유일한 출구로서 그 '경계'는 권력자들에게 상당히 매력적인 곳이었다. 지중해에서 힘깨나 쓰는 세력들은 지브롤터 해협 일대를 장악하는 것을 패권의 마침표 정도로 여겼다. 이들이 벌인 암투의 과정은 일대의 영토, 지명, 건축 등에 두루 반영됐는데, 그중에서도 가장 흥미로운 곳은 알람브라 궁전이 아닐까 싶다.

알람브라 궁전은 지브롤터 해협의 북동쪽, 에스파냐 그라나다주에 있다. 그라나다 지역은 고대 페니키아와 그리스의 식민시(市)가 건설

그라나다주의 알람브라 궁전은 이슬람 세력인 무어인의 예술성이 발휘된 종교 건축으로 유명하다.

되면서 역사 무대에 등장했다. 이후 로마와 카르타고의 속주를 거쳐 게르만인과 무어인이 한 번씩 자리를 잡았지만, 대항해 시대에 접어들면서 에스파냐(카스티야 왕국)의 손아귀에 들어가게 됐다. 그중에서도 이슬람 문화를 간직한 무어인의 영향이 지대했는데, 그 문화의 정수가 바로 알람브라 궁전에 아로새겨졌다.

무어인들이 오랜 시간 공들여 만든 알람브라 궁전은 워낙 정교하고 세련돼서 다른 문화권의 세력조차 감탄할 정도였다. 그래서 바통을 이어받은 기독교 세력은 철거 재개발 대신 '보존 재개발'을 택했다. 쓰임에 따라 리모델링을 하다 보니, 이슬람식 궁전에 성당과 수도원이 들어섰다. 매우 독특한 건축으로 탈바꿈한 것이다. 유네스코가 이곳을 간과할 리 만무했다. 알람브라 궁전은 1984년 세계문화유산에 이름을 올리며 명실공히 '하이브리드 건축물'로서 에스파냐 여행의 백미로 평가받았다.

해발 740m의 고원 위에 자리 잡은 알람브라 궁전에 오르면 카스티야 왕국의 여왕 이사벨 1세가 이슬람 세력을 몰아내기 위해 만든 신도시, 산타페를 굽어볼 수 있다. 지브롤터 해협의 경계에 놓인 두 세력의 혼종성은 알람브라 궁전에서 산타페를 내려다보는 행위와 절묘하게 겹친다.

경계에서 피어난 보스포루스 해협의 꽃, 아야 소피아

지중해와 흑해를 나누는 보스포루스 해협은 유럽과 아시아 대륙의 경계이기도 하다. 바다와 대륙을 가르는 경계다 보니 오래전부터 인류사의 굵직한 이정표가 이곳에 세워졌다. 잠시 지도를 들여다보자. 흑해 연안국이라면 반드시 보스포루스 해협을 통과해야만 지중해를 거쳐 홍해 또는 대서양으로 진출할 수 있음을 알 수 있을 것이다. 보스포루스 해협을 차지했던 세력들의 면모는 그야말로 화려하다. 로마 제국, 동로마 제국, 오스만 제국 등 지중해의 패권을 쥐락펴락한 제국들은 모두 이곳을 거쳐 갔다.

해협을 둘러싼 주변 지역은 옛 콘스탄티노플, 그러니까 지금의 이스탄불로 대표된다. 이스탄불 지역은 과거 동로마 제국과 오스만 제국의 수도를 겸할 정도로 패권국의 중심지였다. 보스포루스 해협을 마주

터키 보스포루스 해협은 지중해와 흑해, 유럽 대륙과 아시아 대륙을 연결하는 교통의 요충지이다.

한 유럽과 아시아의 두 지역은 모두 하나의 도시로 묶여 해협을 통할 하려는 제국의 목적에 따라 운영됐다. 이러한 셈법이 적용된 결과로, 이스탄불은 한 국가에 속하지만 두 개 대륙에 걸친 특이한 도시가 되었다.

이스탄불 지역을 오랜 기간 통치했던 동로마 제국의 정수는 오늘날 아야 소피아를 통해 전해지고 있다. 현재는 박물관으로 사용 중인 아야 소피아는 본래 동로마 제국 시절에 동방정교회의 교리를 담아 건축된 대성당이었고 이름도 '하기야 소피아'였다. 수차례 소실과 재건이 반복됐지만 시간상으로 1,500년에 가까운 역사성을 자랑하며, 건축적인 면에서도 르네상스 양식에 큰 영향을 줄 정도로 웅장하고 아름다운 조형미를 갖췄다. 보스포루스 해협의 주도권이 이슬람 세력인 오스만 제국으로 넘어가면서 성당은 약 500년간 모스크로 쓰이기도 했다. 앞서 소개한 알람브라 궁전과는 정반대의 양상으로 전개된 셈이다. 그 당시 오스만 제국을 이끌던 술탄 메메트 2세 또한 성당의 아름다움에 매료되어 철거 재개발이 아닌 리모델링을 택했다. 이를 통해 기독교와 이슬람교의 종교 양식이 공존하는 융합적 건축물이 탄생할 수 있었다. 유네스코도 그 가치를 알아봤다. 아야 소피아는 알람브라 궁전보다 1년 늦은 1985년에 세계문화유산으로 지정됐다.

화려한 모자이크로 장식된 아야 소피아를 나서면 좁은 해협을 오가는 수많은 배를 만날 수 있다. 아야 소피아는 1,500년에 가까운 시간 동안 아시아와 유럽의 경계를 넘나드는 사람들을 지켜봐 왔다. 지금도 아야 소피아는 해협이 지리적 경계로서, 또한 '융합의 산파'로서 매우 의미 있는 공간임을 존재로써 증거한다.

터키는 아시아인가 유럽인가

2002년 한일 월드컵에서 대한민국과 4강 대전을 벌였던 터키는 이태원 거리의 케밥으로 만날 수 있는 멀고도 가까운 나라다.

터키는 보스포루스 해협을 기준으로 서쪽은 유럽, 동쪽은 아시아로 구분하는 게 일반적이다. 이중 서쪽 유럽의 면적은 약 3%에 불과하다. 해협을 사이에 두고 동양과 서양을 잇는 터키라지만, 정작 터키에 대한 유럽인의 시선은 차갑다. 이는 터키의 유럽연합(EU) 가입이 힘들다는 점으로 엿볼 수 있다.

지리적으로 보면 터키는 아시아라고 보는 게 타당하지만, 문화적으로 보면 쉽게 답을 내기 어렵다. 터키인의 상당수는 자신들의 정체성을 유럽에 둔다. 아무래도 유럽이 세계에서 갖는 영향력이 크기 때문일 것이다. 그래서 이 문제는 명쾌한 답이 없다. 생각하기 나름이라는 거다.

다른 해협은 어떨까

마지막으로 믈라카 해협을 향해 보자. 이곳은 동남아시아의 말레이반도 남부(말레이시아)와 수마트라섬(인도네시아) 사이의 해협으로, 서쪽의 인도양(안다만해)과 동쪽의 태평양(남중국해)을 최단거리로 연결하기 때문에 수많은 상선이 오가는 해상 무역의 요충지다. 그렇다면 믈라카 해협의 '경계'는 오늘날 어떤 모습으로 남았을까? 이는 말레이시아의 믈라카주와 피낭주 등지에서 찾아볼 수 있다.

이슬람 술탄 국가에서 출발한 믈라카주는 역사적으로 포르투갈, 네덜란드, 영국의 손을 거쳐 현재의 말레이시아령으로 귀속됐다. 믈라카주가 서양 세력의 치열한 각축장이 된 까닭은 해협의 폭이 가장 좁아지는 구간을 관장할 수 있는 지정학적 위치 때문이다. 약 900km 길이의 해협이 갑자기 좁아지는 곳이라서 지리적 이점이 상당했고, 서양 세력들은 무역 패권을 손에 쥐기 위해 그곳에 발을 들였다. 한편 영국 동인도 회사는 피낭주 지역에 기지를 세우고 믈라카 해협 입구를 선점해 해협식민지로 키우기도 했다.

해협식민지는 지배 세력의 변화에 따라 자연스레 이질적 문화가 혼합된 도시로 성장했고, 오늘날 믈라카(믈라카주의 주도)와 조지타운(피낭주의 주도) 등으로 자리 잡았다. 이곳에선 500년 넘는 시간 동안 동서양 문화가 교류한 셈이다. 믈라카와 조지타운엔 15세기 믈라카 술탄국의 유적, 16~18세기 포르투갈·네덜란드·영국의 종교 건물, 말레이시아 화교 문화와 현대적 도시 경관이 뒤섞여 있다. 그래서 어디서도 찾아

말레이반도의 믈라카 해협에 가면 기독교, 이슬람교, 중국의 화교 문화가 공간에 다채롭게 융합되어 있다. 이는 믈라카 해협이 동서 바닷길의 중간 기착지라는 지리적 특징에서 비롯되었다.

보기 힘든 융합적 경관이 펼쳐진다. 이 정도 의미를 지닌 곳이라면 어김없이 찾아오는 유네스코! 믈라카와 조지타운은 경관적 다양성 덕분에 2008년 세계문화유산에 이름을 올렸다.

그러고 보니 해협 주변 지역은 역사적 궤를 달리할 뿐, 닮아도 너무 닮았다! 이질적인 요소가 만나고, 이것들이 섞여 기존에 없던 새로움을 선사한다는 면에서 그렇다. 지리적 경계로서 해협은 아주 매력적인 공간임이 분명하다.

북극해의 패러독스

1817년 북극 항로를 개척 중이던 웰튼 선장은 거대한 얼음 평원을 쫓기듯이 내달리는 거구의 남자를 목격한다. 뒤이어 선장은 그를 뒤쫓는 또 다른 남자를 발견한다. 프랑켄슈타인 박사였다. 선장은 박사를 통해 거구의 남자가 박사의 피조물임을 알게 된다. 1818년 영국의 소설가 메리 셸리가 발표한 『프랑켄슈타인』의 도입부다. 흥미로운 것은 세 남자가 각각 탐험·도피·추격을 이유로 '북극해'로 향했다는 점이다. 그 당시 북극해가 어떤 공간으로 인식되었기에 작가는 소설의 첫 무대로 이곳을 활용한 걸까? 목숨을 건 항로 개척의 장소이자 '셀프 유배'를 자처한 피조물의 도피처였음을 고려하면, 이곳이 당대 사람들의 상상력을 자극하는 미개척 지역이었음을 짐작할 수 있다. 그도 그럴 것이, 인류가 북극점에 도달한 건 이때로부터 한 세기나 지난 뒤의 일이다. 흔히 1909년 4월 6일 미국의 탐험가 피어리가 북극점에 처음 도달했다고 알려져 있으나, 1996년에 발견된 일지를 검토해 본 결과 그는 북극점에서 40km 못 미친 지점까지만 접근한 것으로 밝혀졌다. 북극점에 도달한 것이 기록으로 검증된 첫 탐험가는 1926년 노르웨이의 아문센이다(그는 이에 앞서 1911년 12월에 인류 최초로 남극점에 도달하기도 했다).

그렇다면 인류가 북극점에 도달한 때로부터 한 세기 정도가 더 지난 오늘날의 북극해는 우리에게 어떤 의미일까?

북극해는 '지중해'다

북극해는 말 그대로 북극에 있는 바다다. 북극은 남극과 달리 존재하지 않는 땅이지만, 끝없이 펼쳐진 얼음 덕분에 지상 운송수단으로 북극점까지 탐험이 가능하다. 그럼 어디서부터 어디까지가 북극해일까? '북극점'이 그 기준이다. 북극점을 중심으로 한 지도에서 육지와 바다의 배열을 살펴보면 북극해가 유라시아와 북아메리카 대륙에 둘러싸여 있음을 알 수 있다. 북극해를 둘러싼 대륙의 국가명을 오른쪽부터 시계 방향으로 짚어 보면(179쪽 지도) 러시아, 노르웨이, 덴마크(그린란드), 캐나다, 미국(알래스카)이 차례로 읽힌다. 다섯 나라가 둘러싼 '지중해'가 북극해인 셈이다.

일반적으로 지중해(Mediterranean Sea)는 남유럽, 북아프리카, 서아시아에 둘러싸인 바다를 가리킬 때 쓰인다. 하지만 해양학에서는 지중해를 '대륙 사이에 갇혀 있고, 해협으로 대양과 이어져 있는 내해(內海)'로 정의한다. 후자의 관점으론 지중해라고 규정할 수 있는 바다가 여

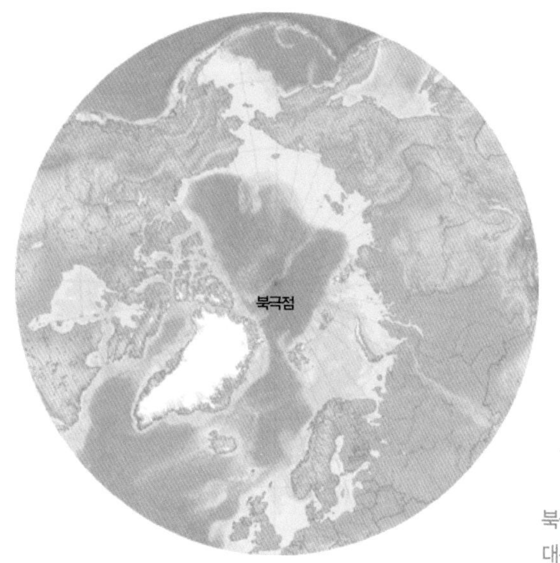

북극해는 북극점을 중심으로
대륙들에 둘러싸인 지중해다.

럿이다. 가령 동아프리카와 아라비아반도에 갇힌 홍해, 아라비아반도와 이란 사이에 놓인 페르시아만, 스칸디나비아반도와 윌란반도(유틀란트반도) 등으로 둘러싸인 발트해는 해양학의 관점에서 보면 지중해다. 그 연장선에서 북극해도 지중해라고 할 수 있다.

북극해를 지중해로 바라보면 마치 여러 나라가 이웃한 광장처럼 보인다. 광장은 다양한 요소가 만나는 공간으로서 그 자체로 새로운 이야기가 전개될 것 같은 작은 떨림을 준다. 유럽, 아프리카, 아시아의 광장 역할을 한 지중해는 무수히 많은 조화와 갈등을 반복하며 서양 세계의 큰 줄기를 빚어 왔다. 그렇다면 '지중해로 바라본 북극해'도 이런 과정을 통해 새로운 가능성을 만들어 갈 수 있지 않을까? 가능성이 어떤 방향이든 말이다. 여기까지 생각이 미치면 현재와 미래의 관점에서 북극해의 가능성이 제법 궁금해진다. 결론부터 말하자면, 북극해는 '지킬 박사와 하이드 씨'처럼 이중성을 지닌다. 왜 그럴까?

잠재된 '유토피아'

북극해 이해의 첫 단추는 '얼음'이다. 지리적으로 북극해는 보통 북위 70도 이상의 고위도 지역으로 태양에서 받는 에너지가 극히 적어 매우 춥다. 겨울철엔 기온이 영하 50℃ 가까이까지 떨어지는 날이 많다. 그래서 북극해 일대는 짧은 여름이 나타나는 일부 지역을 제외하곤 연중 얼음으로 덮여 있다. 하지만 이 얼음이 자주, 그리고 넓게 열리기 시작하면서 북극해의 가능성도 함께 열리게 됐다.

100년 전까지만 해도 북극해는 존재하되, 존재하지 않는 곳이었다. 1909년 탐험가 피어리가 북극점 가까이 도달하기 전까지, 그곳은 강력한 얼음 왕국을 구축하며 인간에게 남다른 적대심을 보였다. 그러나 북극해는 20세기부터 빠른 속도로 진행돼 온 기후 변화 때문에 빠르게 변해 갔다. 물길이 열리는 남다른 이벤트를 맞이하게 된 것이다.

북극해는 두 가지 측면에서 인류에게 뜻밖의 선물을 줬다. 하나는 '해상 수송로'라는 이점이었다. 유라시아 동서를 다니는 배가 북극해를 이용하면 기존의 수에즈 운하 루트보다 열흘을 단축할 수 있다. 부산에서 뉴욕까지도 파나마 운하를 이용하지 않고 일주일을 단축할 수 있게 된다. 이렇듯 북극 항로 이용은 마치 고속도로를 놓은 것처럼, 시

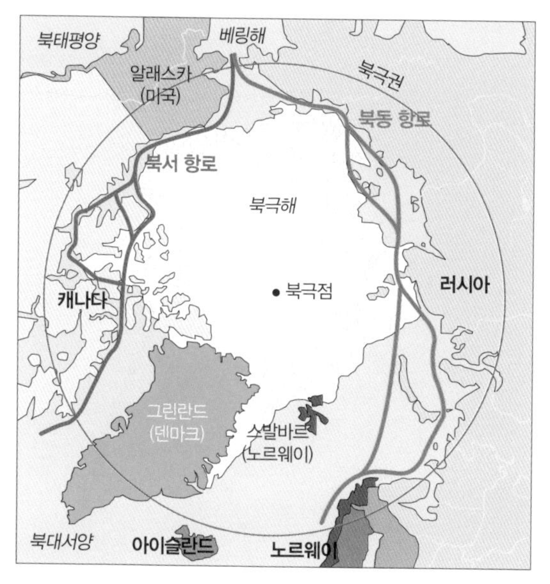

북극해는 크게 북서 및 북동 항로를 이용해 통과하고 있다.

간 측면에서 놀라운 경제적 효과를 준다.

다른 이점은 '자원'이었다. 북극해의 대륙붕은 세계에서 가장 넓은 면적을 자랑한다. 석유, 천연가스 등이 풍부하게 매장된 대륙붕은 인류에게 매력적인 해저 지형이다. 다양한 연구를 통해 북극해의 대륙붕에도 막대한 양의 화석 연료가 매장되어 있다는 사실이 확인됐다. 전 세계 매장량으로 환산한다면 석유는 약 15%, 천연가스는 약 30%에 육박할 정도다. 전문가들은 아직 발견되지 않은 추정량까지 더하면 확인량의 몇 배에 이를 것으로 내다보고 있다. 가히 '자원의 유토피아'라고 할 만하다.

이렇듯 북극해는 인류의 욕망을 이어 갈 수 있는 확실한 편익을 지닌 곳이다. 오늘날 북극해가 세계의 러블리한 시선을 한 몸에 받는 핵

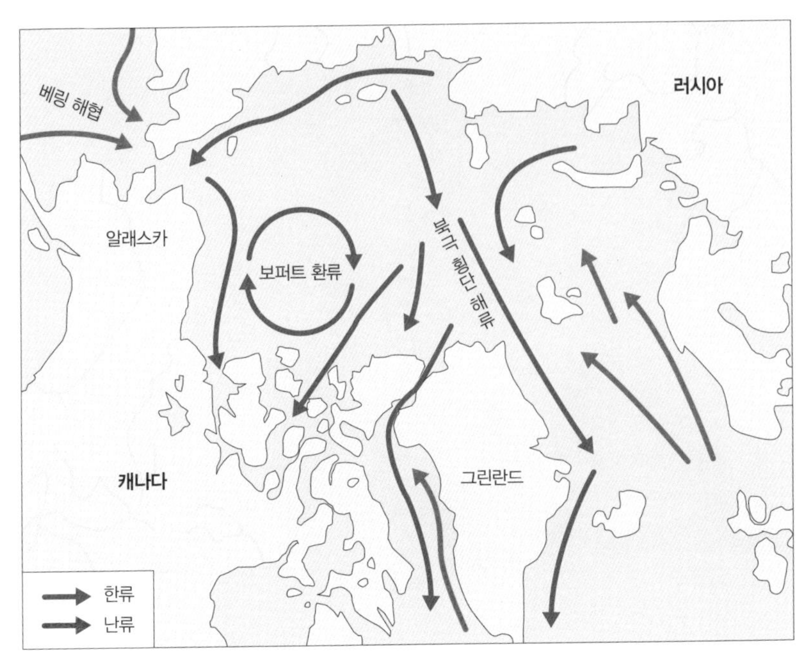

북극해의 보퍼트 환류는 유조선 난파 시 해양 오염을 일으킬 수 있는 잠재적 위험이다.

심적인 이유다.

얼음 속에 숨은 '디스토피아'

북극해가 지닌 가능성은 인류에게 새로운 기회를 열어 주었지만, 그로 인해 고요하던 얼음 바다는 '디스토피아의 위험'을 떠안게 됐다. 무슨 말이냐고? 좀 더 집중해 보자.

2014년 덴마크의 무역선이 쇄빙선의 도움 없이 북극 항로를 무사히 통과했다. 얼음을 깨부수며 나아가는 쇄빙선은 그동안 북극 항로에서 '시각 장애인의 안내견' 같은 존재였다. 그렇기에 쇄빙선의 도움 없이 성공한 단독 항해는 북극 항로의 본격적인 신호탄으로서 의의가 크다. 부분적이긴 하지만, 1년 내내 통항이 가능해짐에 따라 더 많은 배가 북극해로 향할 테니 말이다.

가진 것을 나누고 협력해야만 하는 국제 분업의 세상에서 무역선의 활발한 운항은 일견 긍정적인 신호로 보인다. 하지만 대형 선박은 한순간에 바다를 위험에 빠뜨릴 강력한 무기를 휴대하고 있다. 바로 '기름'이다. 북극해를 지나던 선박이 때마침 빙산이나 유빙 등을 만나 조난한다면 어떨까? 청정 바다인 북극해는 단숨에 기름으로 큰 몸살을 앓게 된다. 더욱이 북극해에서 태평양으로 나가는 길목인 축치해(Chukchi Sea)에는 바닷물이 시계 방향으로 순환하는 '보퍼트 환류'가 흐른다. 만약 이곳에 기름이 갇히게 되면 기름띠 제거가 쉽지 않다. 이 환

북극해가 열리면 툰드라도 열린다!

북극해 주변 지역에 넓게 분포하는 툰드라 지역은 기후 변화를 논할 때 빠지지 않고 거론된다.
툰드라 지역의 토양은 크게 여름철에 잠시 녹는 활동층과 항상 얼어 있는 영구동토층으로 나뉜다. 둘 중에서 문제가 되는 것은 영구동토층이다. 영구동토층에는 오랜 시간 켜켜이 쌓인 유기물이 막대한데, 문제는 토양이 녹으면 유기물의 분해가 활발해져 메탄(메테인)이 나온다는 데 있다. 메탄은 이산화탄소보다 훨씬 강력한 온실 가스다. 영구동토층이 녹아 메탄이 배출되면 온실 효과로 대기가 더워질 테고, 그러면 영구동토층은 더 빨리 녹으면서 그 이상의 메탄이 방출될 것이다. 그야말로 악순환이다. 북극해가 열리면 그래서 툰드라도 열린다. 엄밀히 말하면 영구동토층이 열린다!

류는 힘이 약해지면 순환을 멈추고 북대서양으로 흘러가기 때문에 피해가 확산할 가능성도 크다.

풍부한 지하자원도 결과적으로는 디스토피아를 앞당긴다. 북극해를 둘러싼 여러 나라의 이권 다툼이 본격화되기 때문이다. 물질문명을 부양하던 기존 유전·가스전의 생산량이 하향 곡선을 그리면서, 북극해는 중동의 대체지로 인식되고 있다. 이는 영유권을 둘러싼 분쟁이 풍전등화의 상황임을 뜻한다. 북극해 연안국들은 자원을 자국에 귀속시키기 위해 저마다 각고의 노력을 기울이고 있고, 북극해를 곁에 두지 못한 국가는 북극해를 '인류 공동의 재산'이라 주장하며 틈새를 노린다. 예상컨대 잠재된 불씨가 발화하는 순간, 욕심 있는 국가는 북극해의 이권 확보를 위해 전쟁도 마다하지 않을 것이다.

지금까지 예상해 본 북극해의 위험 중에서도 가장 염려되는 점을 꼽으라면, 디스토피아의 시나리오가 '잠재적' 위험이라는 데 있다. 당장 눈앞에 보이지 않는 우려는 쉽게 간과되는 법! 만에 하나라도 잠재적 위험이 현실로 나타난다면, 북극해는 21세기의 기념비적인 디스토피아 사례로 역사에 남을 위험이 크다.

북극해의 닮은꼴, 스발바르 제도의 패러독스

노르웨이령 스발바르 제도는 북극점에서 가장 가까운 인류 거주지로 유명하다(북극점으로부터 1,300km 정도의 거리다). 이곳에 가면 백야 현상은

노르웨이 스발바르 제도의 스피츠베르겐섬에 건립된 국제 종자 보관소는 기후 변화 등에 대비해 다양한 식물의 종자를 보관하고 있다. 유엔이 이곳에 세계 각지의 종자를 모은 이유는 자못 비장하면서도 슬프다. 인류가 핵 전쟁, 소행성 충돌, 지구 온난화 심화 등으로 '최후의 날'을 맞을 수도 있기 때문이다.

물론, 아름다운 오로라와 태고의 빙하까지 감상할 수 있다.

스발바르 제도의 스피츠베르겐섬에는 인류를 위한 흥미로운 시설이 존재한다. 바로 '국제 종자 저장고'다. 유엔 등 국제기구들이 이곳에 세계 각지의 종자를 모은 이유는 자못 비장하면서도 슬프다. 인류가 핵 전쟁, 소행성 충돌, 지구 온난화 심화 등으로 '최후의 날(doomsday)'을 맞을 수도 있기 때문이다. 저장고에 보관된 종자는 생존 인류가 살아갈 수 있도록 식물의 DNA를 보존하는 역할을 한다.

국제 종자 저장고는 북위 78도의 한대 기후 지역에 들어서 있다. 씨앗들은 대부분 영하 18℃의 온도에서 보관되는데, 이곳은 짧은 여름

철을 제외하면 월 평균 기온이 영하 17℃로 유지되어 종자를 관리하는 데 최적의 조건을 지닌다. 혹여 관리 시스템에 문제가 생기거나 전력이 끊겨도 일정 기간 냉동 상태를 유지할 수 있다는 이점을 갖는다.

요점은 이 저장고가 지구 온난화와 같은 재앙으로부터 인류를 존속시키고자 만든 시설이라는 것. 그런데 운영 방식을 살펴보면 의문이 든다. 이곳의 역설(패러독스) 때문이다. 스피츠베르겐섬의 전기는 화력 발전소에서 온다. 화력 발전의 주원료는 석탄이다. 마침 스발바르 제도에는 석탄이 풍부하게 매장되어 있다. 하지만 석탄 화력 발전소는 온실 가스의 주범인 이산화탄소를 배출한다. 이산화탄소가 증가하면 온난화는 가속화되고, 스피츠베르겐섬 일대의 기온도 올라간다. 평소보다 높아진 기온을 내리기 위해 다시 냉각기를 돌린다. 냉각기에 공급되는 전기는 화력 발전소에서 조달한다….

지구 온난화에 대비해 세운 국제 종자 저장고의 운영은 다시 온난화의 촉진을 통해 이뤄진다는 이 모순적인 상황을 어떻게 해결할 수 있을까? 긴 호흡에서 스발바르 제도의 패러독스는 북극해와 여러모로 닮아 있다.

지리적 거리두기와 진화론

세상의 모든 섬은 인간의 거주 여부에 따라 무인도와 유인도로 나뉜다. 과학 기술이 발달한 오늘날까지 무인도로 남는 곳은 거주에 불리한 환경 조건을 지녔거나 거주의 필요성이 현저히 낮은 곳이 대부분이다. 우리나라만 하더라도 수천 개의 무인도가 있다고 하니, 세계에는 여전히 인간과 거리를 두고 있는 섬이 많은 셈이다. 이러한 관점에서 무인도와 유인도는 인간의 선택에 따라 언제든지 옷을 바꿔 입을 가능성이 크다. 세계지도에 나타난 수많은 섬이 선택적으로 무인도와 유인도가 될 수 있어서다. 하지만 이동 수단이 좋지 못했던 과거엔 우리가 알고 있는 유인도의 상당수가 무인도였다. 그것도 아주 오랫동안 말이다. 그래서일까? 이들 중에는 인류사적으로 남다른 의미를 지닌 섬이 많다. 그중에서도 갈라파고스 제도는 찰스 다윈의 진화론으로 유명하다. 흥미로운 것은 찰스 다윈이 갈라파고스 제도에서 얻은 통찰이 상당히 지리적이라는 점이다. 왜 그럴까?

태평양의 갈라파고스 제도와 핀치새

1835년 9월 15일은 찰스 다윈이 갈라파고스 제도에 도착한 날이다. 이날은 인류사적 관점에서 닐 암스트롱이 달에 발을 디딘 것과 비견될 정도로 큰 의미를 지닌다. 생명의 드라마를 이해하는 거대이론인 진화론은 바로 이곳, 갈라파고스 제도에서 싹을 틔웠다.

생물학자로서 비글호에 탑승한 다윈은 갈라파고스 제도에서 다양한 생물을 채집했다. 다윈이 채집한 여러 생물 중에서도 핀치라는 작은 새는 다윈에게 큰 영감을 주었다. 본래 다윈은 여러 섬을 돌면서 채집한 핀치새들을 모두 다른 새라고 생각했다. 하지만 런던 지질학회의 조류 전문가 존 굴드는 부리와 겉모습 등이 조금씩 다르지만 이들이 모두 핀치새임을 밝혀 주었다. 다윈은 그의 해석을 듣고 난맥상이던 문제의 줄기를 잡았다. 이른바 '자연 선택'에 따른 진화론의 디딤돌을 놓은 것이다.

그렇다면 다윈이 채집한 핀치새는 어떻게 섬마다 모습이 달랐을

갈라파고스 제도의 섬들 간 적당한 지리적 거리 덕분에 분화한 핀치새의 다양한 부리 모양들

까? 이에 관한 이해는 갈라파고스 제도의 지리적 특징에서 출발한다.

갈라파고스 제도는 남아메리카 대륙에서 서쪽으로 약 1,000km가량 떨어져 있다. 갈라파고스 제도는 이른바 열점(hot spot)을 통해 만들어진 것으로 알려져 있다. 열점은 지구 내부 고정된 위치에서 꾸준히 마그마를 공급하는 곳이다. 그래서 판이 이동하면 그 방향을 따라 여러 화산섬이 만들어진다. 갈라파고스 제도 역시 열점을 중심으로 나스카판이 남아메리카 대륙을 향해 이동하는 과정에서 만들어진 군도다. 하와이 제도가 하와이섬을 기점으로 열 지어 발달한 것과 같은 이치다.

갈라파고스 제도의 섬들은 지리적으로 분포 특징이 남다르다. 갈라파고스 제도를 이루는 섬들은 수십km 간격의 적정 거리를 유지하고 있다. 일정한 지리적 거리를 지닌 섬에서는 하나의 생물종이 다른 진화의 방향을 가질 수 있는 환경 조건을 제공한다. 다윈은 갈라파고스 제도의 이와 같은 '적절한 지리적 거리두기' 덕에 비범한 통찰을 얻는다.

다윈은 갈라파고스 제도의 핀치새가 남아메리카 본토의 핀치새와 크게 다르다는 것을 알았다. 하지만 갈라파고스 제도 내로 한정한다면 핀

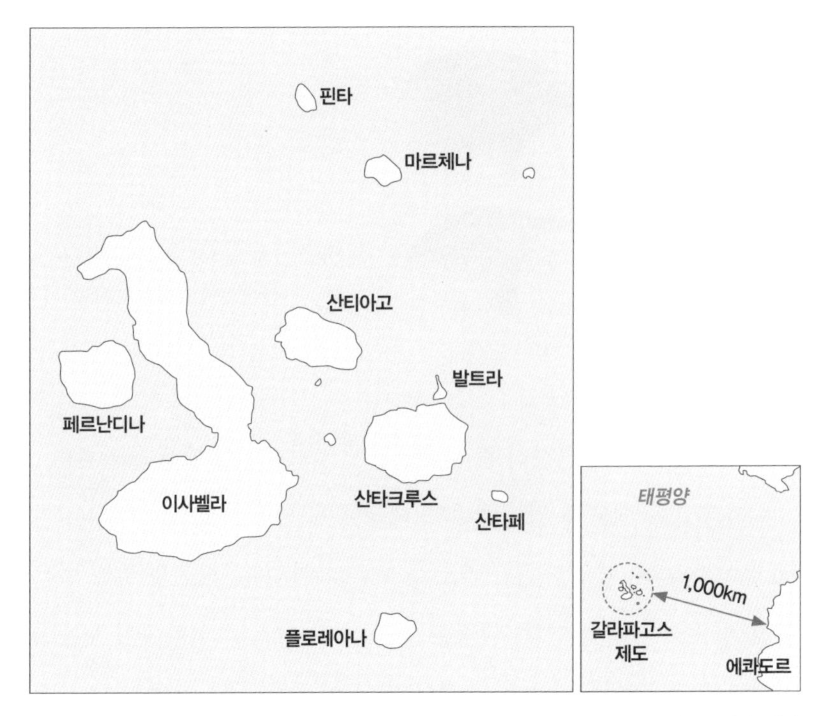

갈라파고스 제도의 섬들은 섬마다 일정한 거리를 두고 독립적으로 분포하는 특징을 보인다. 남아메리카판과 주변 해양판의 영향으로 화산섬이 만들어져 본토와 멀리 떨어진 독립된 생태계가 탄생할 수 있었다. 대륙과 동떨어진 섬은 대체로 화산섬인 경우가 많다.

치새의 변형 정도가 본토와의 차이보다는 작다는 사실도 알게 되었다. 그래서 다윈은 본토의 핀치새가 우연한 계기로 섬에 들어와 환경 조건에 맞춰 진화했다고 보았다. 폭풍이나 이상 기류 등의 우연한 계기로 갈라파고스 제도에 도착한 핀치새가 적정 거리의 이웃한 섬들로 이동한 결과 종이 분화했다는 게 다윈의 추론이다. 다윈은 이와 같은 합리적 추론을 토대로 '종의 분화'에 대한 확신을 가질 수 있었다.

다윈의 추론은 핀치새뿐만 아니라 비행 능력을 상실한 갈라파고스

가마우지, 갈라파고스 큰거북, 갈라파고스 바다이구아나 등의 사례를 통해서도 증명된다. 갈라파고스 제도는 특별한 이벤트가 자주 일어나기 힘든 본토와의 지리적 거리는 물론 제도 내 섬들의 적절한 지리적 거리를 통해 최고의 진화 학습장이 되었다. 먼 거리의 생물종 유입과 종 분화라는 우연적 시나리오는 갈라파고스 제도에 도착한 찰스 다윈을 통해 진화론으로 완성되었다.

지리적 거리두기와 마다가스카르의 여우원숭이

구글어스에서 '마다가스카르'를 검색하면 아프리카 동남부의 큰 섬으로 안내한다. 마다가스카르는 오래전 아프리카 대륙에서 분리된 섬이다. 판구조론으로 설명하자면 곤드와나 대륙이 아프리카 대륙, 남극 대륙, 인도반도 그리고 마다가스카르로 나뉜 거다. 그래서 모잠비크의

갈라파고스의 마스코트, 큰거북의 목

찰스 다윈은 갈라파고스의 큰거북에 관심을 가졌다. 다윈은 선주민이 큰거북의 생김새와 목의 길이를 보고 어느 섬에서 온 것인지 파악하는 것을 보고 크게 놀랐다. 그래서 다윈은 오랜 시간 각 섬의 환경에 적응한 결과라는 가설을 세웠다. 가령 말안장 형태의 등딱지를 가진 거북은 건조한 섬 지역에서 키 큰 선인장을 먹기 위해 목을 늘이기 좋은 형태로 등딱지가 진화했다고 보았다. 다윈은 거북의 큰 몸집 역시 천적이 없는 갈라파고스 제도에서 진화한 결과로 보았다. 1,000여 년 전에 남미 대륙에서 떠내려 온 조상 거북은 우연한 일로 필연적 진화를 완성했다. 모름지기 진화란 지리적 거리두기의 산물인 셈이다.

동부 해안선은 마다가스카르의 서부 해안선에 깔끔하게 들어맞는다.

아프리카 대륙과 마다가스카르는 판의 운동으로 지리적 거리두기가 이루어졌다. 아프리카 대륙과 마다가스카르 사이의 거리는 갈라파고스 제도와 남아메리카 대륙 사이의 거리의 약 절반에 해당한다. 그렇다면 마다가스카르에도 희귀한 생물종이 살고 있지 않을까?

마다가스카르는 전 세계 생물종의 약 5%가 사는 생물 다양성의 보고다. 그중에서도 여우원숭이가 특징적이다. 여우원숭이는 오직 대륙 본토와 떨어진 마다가스카르와 주변의 작은 섬에만 산다. 여우원숭이는 이름과 달리 여우도 아니요 원숭이도 아니다. 주둥이와 꼬리의 생김새가 각각 여우와 원숭이를 닮았다고 하여 여우원숭이가 되었다. 여우원숭이는 진화계통학에서 보자면 유인원과 원숭이를 뺀 나머지 영장류를 일컫는다. 그래서 찰스 다윈의 추론이 가능하다. "오래전 우연한 기회에 원숭이종에서 분리된 여우원숭이의 조상이 마다가스카르에 들어와 독자적으로 진화했다"라고 말이다.

아마도 여우원숭이의 조상은 홍수 때 우연한 계기로 급류에 떠내려가는 나무에 의지했을 것이다. 그리곤 해류의 흐름을 따라 모잠비크 해협을 건너 마다가스카르에 도착했을 것이다. 모잠비크 해협에선 해안선을 따라 남쪽으로 이동하는 해류 중 일부가 마다가스카르로 향한다. 해류는 케냐, 탄자니아 앞바다에서 마다가스카르의 북부 지역을 향해 커다란 동심원을 그리기도 한다. 우여곡절 끝에 섬에 도착한 여우원숭이의 조상은 독자적인 세계를 구축하며 고유종으로 남았다. 이것이 오직 마다가스카르에서만 여우원숭이를 볼 수 있는 다위니즘

모잠비크 해협의 해류도(왼쪽)는 나무에 의지해 바다에 표류한 여우원숭이의 조상이 마다가스카르섬에 도착할 수 있는 근거를 제공한다. 모잠비크 해협과 마다가스카르섬의 가장 좁은 구간의 폭은 약 400km다. 해류의 흐름은 기후 변화 및 해양 염분의 밀도 차로 변할 수 있다.

적 사고실험이다.

지리적 거리두기의 이모저모

남태평양의 이스터섬은 남아메리카 칠레 해안에서 약 3,700km 떨어진 화산섬이다. 이스터섬은 약 900년 전 폴리네시아계 선주민이 도착해 삶을 일군 곳이다. 이스터섬은 거대한 '모아이 석상'과 공동체의 몰

락으로 유명하다. 아마도 인간이 닿기 전의 이스터섬에는 고유 생물종이 많았을 것이다. 하지만 인간의 유입과 무분별한 환경 이용으로 지금은 황무지로 남았다.

이스터섬에서 서쪽으로 약 2,000km 거리에 있는 헨더슨섬은 사뭇 다른 길을 걸어왔다. 헨더슨섬은 이스터섬과는 달리 인간의 간섭이 매우 적었고 오랫동안 무인도로 남았다. 그래서 고유종이 많고 생물종이 다양하다. 핸더슨섬의 고유종은 유네스코로부터 보호 받고 있기도 하다.

인도양 동부 벵골만에는 노스센티널아일랜드가 있다. 이곳은 섬 전체가 열대림으로 뒤덮여 있어 내부를 들여다보기 어렵다. 그래서 오랫동안 무인도로 여겨져 왔다. 하지만 섬에는 약 2만 년 전부터 선주민이 살아왔다. 이들이 세상에 알려진 것은 그들의 공격적인 성향 덕이다. 이들은 섬에 접근하는 모든 것에 대해 강한 적대감을 드러내는 것으로 유명하다. 그도 그럴 것이 그들은 오랜 기간 독자적인 원시 생활을 유지해 오면서 단 한 번도 외부와 접촉할 기회가 없었다. 그래서 노스센티널아일랜드는 문화인류학적으로 남다른 보존 가치를 지닌 곳으로 인정받아 여전히 독자적인 생활을 유지하고 있다. 만약 그 섬의 생물종에 관한 연구가 진행된다면 고유종이 있을 확률이 높다.

세인트헬레나섬은 나폴레옹 보나파르트의 유배지로 유명하다. 화산활동을 통해 형성된 세인트헬레나섬은 대서양 한가운데 위치한다. 나폴레옹은 이곳에서 생을 마쳤다. 세인트헬레나섬에서 가장 가까운 아프리카 대륙과의 거리는 2,000km가 넘는다. 그곳은 언감생심 탈출을 감행할 용기조차 낼 수 없을 정도로 지리적으로 완벽히 고립된 섬이었다. 그래서 생물 다양성이 높다.

왜 오스트레일리아에는 캥거루와 같은 유대류 포유류만 있을까? 왜 뉴질랜드에는 박쥐를 제외하곤 포유류가 없을까? 어떻게 이구아나종은 무려 260km를 이동해 카리브해의 앵귈라 섬에 들어갔을까? 지도를 펴고 약간의 사고실험을 해보자. 다윈이 그랬던 것처럼!

우리나라의 지리적 거리두기

우리나라의 제주도 역시 거리두기의 관점에서 흥미로운 섬이다. 제주도는 자타공인 국내 최고의 관광지다. 하지만 조선 시대에는 걸출한 유배지였다. 유배지로서 제주도는 추사 김정희의 〈세한도〉를 통해서도 묘사된 바 있다. 제주도가 유배지로 악명을 떨칠 수 있었던 이유는 화산활동을 통해 형성된 지리적 거리두기 덕분이다. 지리적 거리두기는 본토와 동떨어진 환경을 제공한다. 그래서 조선 시대의 주요 유배지는 섬이 많다.

지리적 거리두기에 따른 특별한 이벤트에 의구심이 든다면 다음 사례에 주목할 필요가 있다. 2020년 우리나라 여름 홍수 때의 일이다. 경상남도 남해군의 무인도인 난초섬에서 한 마리의 암소가 발견되었다. 이 암소는 전라남도 구례의 한 농가에서 기르던 집소였다. 아마도 이 암소는 집중호우로 축사가 물에 잠기자 무언가에 의지한 채 섬진강을 따라 난초섬에 이르렀을 것이다. 이 소가 섬진강을 따라 난초섬까지 이동한 거리는 무려 50km가 넘는다. 날개 없는 소가 홍수라는 우연한 이벤트를 만나 무인도에 들어간 셈이다. 더욱이 이 암소는 임신 상태였다. 만약 이 소가 낯선 환경에 적응해 생존을 이어 갔다면? 진화의 관점에서 흥미로운 일이 벌어졌을지도 모를 일이다.

옥수수의 메카, 북미 대평원 지대

옥수수는 '곡물의 제왕'이라고 불린다. 옥수수 공급을 놓고 요동치는 세계 곡물 시장을 보면 수긍 가는 별명이다.

곡물의 제왕답게 옥수수는 그것을 섭취하는 생명체와 친밀한 유대를 갖는다. 사람과도 친밀도가 높다. 이는 머리카락 한 올로도 확인할 수 있다. 머리카락의 탄소 동위원소 구성을 분석하면 몸을 구성하는 탄소의 얼마큼이 옥수수에서 온 건지 알 수 있다는 말이다. 연구 결과에 따르면 어떤 사람은 그 비중이 절반에 이르기도 한다. 특정 곡물이 우리 몸에서 높은 비중을 차지한다는 게 그리 유쾌한 일은 아니다. 하지만 변화무쌍한 옥수수는 이미 여러 음식에 녹아들어 우리 몸의 일부가 됐다.

시나브로 우리 몸의 일부가 된 옥수수의 메카, 북미 대평원 지대에 가 보자. 그곳에 가면 빠르게 성장 중인 '미래의 우리 몸'을 만나 볼 수 있다.

대평원, 규모부터 남다르다!

먼저 북미 대평원 지대의 지리적 밑그림을 그려 보자. 미국 지도를 펼쳐 놓고서 '그레이트플레인스(Great Plains)' 또는 '중앙 평원'을 찾아보라. 그러면 여러분은 두 가지 사실을 확인할 수 있다. 하나는 이곳이 미국 중부 지역을 점유하고 있다는 것이고, 다른 하나는 평야라는 점이다. 이름은 제각각이지만, 판구조론의 관점에서 보면 형성의 궤가 같으므로 이 글에서는 '대평원'으로 통칭하고자 한다.

'대(大)평원'은 이름에 걸맞게 광활하다. 미국 본토의 동부와 서부를 오가는 교통수단이라면 반드시 통과할 수밖에 없을 정도다. 그렇다면 대평원은 어떻게 현재의 규모로 발달할 수 있었을까? 그 비밀은 판구조론으로 풀 수 있다.

땅은 크건 작건 지구 내부의 작용을 반영한다. 땅에는 판이 만나거나 멀어지거나 오래전에 만났던 흔적이 남는다는 뜻이다. 판이 만나는 곳은 힘이 대립하므로 규모가 크고 연속성이 뚜렷한 산지로 발달하게 된다. 또 판이 멀어지는 곳에서는 새로운 땅이 만들어지기도 한다. 오래 전엔 판의 경계였다가 대륙 내부에 자리하게 된 산지도 있다. 미국에는 이와 같은 지각 변동의 흔적이 고스란히 모자이크처럼 남았다.

미국 본토의 지형 요소는 크게 '서부 산지, 중부 평야, 동부 산지'로 구분된다. 앞선 논리를 따르면 험준한 서부는 판의 경계와 가까운 곳이고, 비교적 낮은 동부는 예전 판의 경계에 있다가 고령화된 지역이라는 것을 알아챌 수 있다. 특히 동부 산지는 오래전에 형성되었기에 낮은 산지로 인식된다. 여기까지는 이해가 참 쉽다. 하지만 앞선 논리만으로는 왜 중부에 광활한 평원이 있는지는 알 수 없다.

본래 주인공은 가장 뜸을 들이는 법이라던가? 너그러운 마음으로 백지 한 장을 꺼내어 들자. 거기에 미국 본토를 대략적으로 그린 뒤 다음의 안내를 따라가 보자. 먼저 여러분이 그린 백지도는 기복이 없는 평원이라고 전제한다. 여기에 동부 산지를 그린다. 그려 낸 동부 산지(애팔래치아산맥)는 고생대에 판의 경계에서 습곡 작용을 받아 형성된 것이다. 제법 오래전에 습곡을 받아서 '고기 습곡산지'라고 불린다. 다음으로 서부에 높다란 산지(로키산맥)를 그려 넣는다. 이는 신생대에 습곡 작용을 받은 산지다. 단지 두 산지를 생성 순서대로 그렸을 뿐이지만 그러면 '동부 고기 산지, 중부 평야, 서부 신기 산지' 순으로 질서가 잡힌다. 맥을 잡으니 종이 위 지형 윤곽이 파노라마처럼 펼쳐진다. 정리하자면 대평원은 고기 및 신기 습곡산지 사이에 낀, 꽤 오래된 땅이다. 땅에는 이렇듯 지구 내부의 에너지가 만든 상흔이 여과 없이 남아 있다.

두 개의 선으로 알아보는 '콘 벨트'

앞서 대륙 규모에서 옥수수 이해를 위한 큰 그림을 그렸다. 이제는 국가 규모에서 작은 그림을 그려 볼 차례다. 옥수수가 대평원 어느 지역에 집중해 있는지를 살펴보자는 것이다.

먼저 캐나다 중남부의 도시 위니펙을 기점으로 수직선을 내려 긋는다. 이 선은 대략 서경 100도를 지난다. 그다음에는 다시 태평양 연안의 도시 샌프란시스코를 기점으로 수평선을 그어 보자. 이 선은 북위 38도 언저리를 지난다. 옥수수의 핵심 생산 지역은 두 선이 교차하는 지점에서 북동쪽 방향으로 뻗어 있다. 북쪽으로는 캐나다 국경까지, 동쪽으로는 오대호까지다. 이 지역이 이른바 '전 세계 옥수수의 메카'로 불리는 콘 벨트(Corn Belt)다.

옥수수의 변신은 무죄! 에너지가 된 옥수수

바이오에탄올은 주목받는 신에너지다. 옥수수, 사탕수수, 밀, 감자와 같은 녹말 함량이 높은 작물을 발효시키면 차량 연료로 이용할 수 있다. 그래서 바이오에탄올은 환경 부담이 적다. 화석 연료 중심의 차량 에너지를 바이오에탄올로 전환하려는 시도는 그래서 옥수수의 제국, 미국에서 활발하다. 미국은 바이오에탄올 생산의 90% 가량을 옥수수로 만든다. 바이오에탄올을 만드는 공장 역시 옥수수의 메카인 콘 벨트 지역에 있다. 대표적으로 아이오와, 일리노이, 네브라스카, 미네소타주에서 생산이 활발하다. 옥수수와 견줄 수 있는 작물로는 사탕수수가 꼽힌다. 세계적인 사탕수수 농장을 보유한 브라질은 미국과 달리 사탕수수로 바이오에탄올을 만든다.
두 작물은 모두 풍부한 포도당을 가지고 있다. 우리 몸도 그렇다. 탄수화물을 섭취해 만든 포도당은 우리 뇌의 주된 연료이기도 하다.

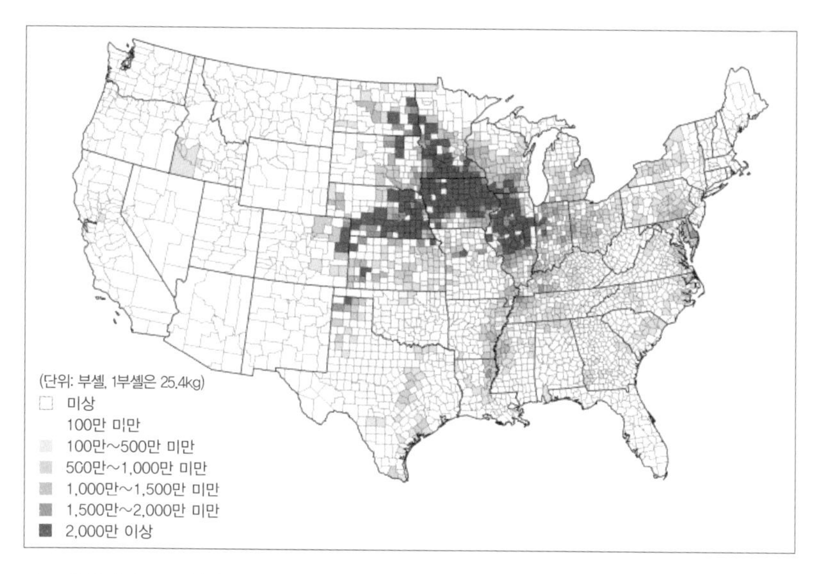

미국의 연간 옥수수 생산량 지도(2019)에서 생산 비중이 집중되어 있는 곳이 바로 중앙 평원, 그 중에서도 콘 벨트 지역에 해당하는 곳이다(미 농무부 자료).

우리가 그린 두 선은 콘 벨트를 이해하는 데 중요한 의의를 지닌다. 서경 100도는 건조 기후를 구분하는 연강수량 500mm 선과 대략 일치한다. 이를 기준으로 서부는 건조한 지역이고, 동부는 좀 더 습윤하여 경작이 쉬운 지역이 된다. 북위 38도는 냉대와 온대로 기후를 구분하는 선이다. 선 위로는 냉대 기후, 아래로는 온대 기후다. 콘 벨트는 두 선의 북동부에 있다. 따라서 해당 지역은 냉대이자 비교적 습윤한 기후를 보인다. 옥수수가 자라기에 안성맞춤인 조건이다. 게다가 옥수수는 기후에 대한 적응력이 뛰어난 슈퍼 작물 아니던가!

콘 벨트의 우렁각시, 지하 대수층

첫사랑은 완벽하다. 오점 하나 없을 것만 같다. 옥수수에게 콘 벨트는 그런 존재처럼 보인다. 하지만 사랑이 그렇듯 땅과 작물의 조합도 완벽한 것은 없다. 그 불완전성은 옥수수의 생육 조건에서 찾을 수 있다.

작물의 생육은 빛과 물이 결정한다. 둘 중 하나라도 부족하면 농사는 실패다. 콘 벨트의 빛, 다시 말해 일조량은 콘 벨트가 태양 에너지를 충분히 받는 중위도에 위치하므로 합격점이다. 그렇다면 물은 어떨까? 역시 합격점에 든다. 쌀을 제외한 웬만한 곡물 농사에 적합한 강수량을 지니고 있으니까. 하지만 옥에 티가 하나 있으니, 바로 땅의 크기다. 콘 벨트는 텃밭이 아니다. 경작 면적은 한반도 전부가 들어가고도 남을 정도다. 따라서 콘 벨트가 유지되려면 충분한 물 공급이 필수다.

농업용수는 대체로 인근 하천에서 얻는다. 대평원으로 흘러드는 하천을 보면 동서 산지에서 발원하는 제법 큰 물줄기가 눈에 띈다. 서부 산지에서는 미주리강이 동쪽으로, 동부 산지에서는 오하이오강이 서쪽으로 유입한다. 두 강은 캐나다 국경 부근에서 발원한 미시시피강의 본류와 만나 멕시코만으로 흘러간다. 흥미로운 것은 세 강이 만나는 자리가 공교롭게도 콘 벨트 일대라는 점이다. 강줄기를 아우르는 자리라면 물 걱정은 없겠다 싶겠지만, 세 강에는 농사에 치명적인 약점이 있다. 바로 들쭉날쭉한 수량(水量)이다. 미시시피강의 홍수기 유량은 갈수기의 100배가 넘는다.

농부에게 변덕쟁이 강물은 신용 불량자다. 목마른 사람이 우물을

미국의 오갈랄라 대수층은 사우스다코타에서부터 서부 텍사스 일대까지 8개주의 중요한 수원지 역할을 담당하고 있다. 그러나 해마다 오갈랄라 대수층의 수량은 급격히 줄고 있다.

파는 법. 농부들은 가뭄에 대비하여 우물을 팠다. 다행스럽게도 땅속에는 지하수가 충만했다. 이런 지층을 '대수층'이라고 부른다. 콘 벨트의 오갈랄라 대수층은 미국 전역을 놓고 따져 봐도 꽤 안정적인 편이다. 그러니 강수량이 적을 때도 농사짓는 데 큰 걱정이 없다. 살그머니 부족한 물을 뒷받침해 주는 대수층은 콘 벨트로선 우렁각시와도 같은 존재다. 이쯤 되면 대수층의 최대 수혜자가 누군지 알 것이다. 정답은 거대 옥수수 마을의 추장, 콘 벨트 씨!

콘 벨트의 충분조건, 오대호

콘 벨트 입지의 지리적 이유에 한 걸음 더 다가서기 위해 짧은 자문자답을 진행해 보겠다.

> 인간이 이처럼 거대한 콘 벨트를 조성한 이유는 무엇일까?—시장 가치가 높기 때문이다.
>
> 왜 시장 가치가 높은 걸까?—수요가 많으니까.
>
> 그렇다면 왜 수요가 많을까?—오대호와 가깝기 때문이다.

마지막 답이 석연치 않은 사람이라면 다음 내용에 주목해 보자.

앞서 서경 100도와 북위 38도의 두 선으로 콘 벨트의 위치를 가늠해 보았다. 하지만 뒤집어 보면 콘 벨트가 꼭 그 교차점 북동부에 조성되어야만 하는 건 아니다. 남동부도 지형·기후 조건에서 옥수수 생육에 문제가 없는 곳이다. 그런데도 콘 벨트가 북동부에 조성된 이유를 꼽자면, 바로 '오대호'다.

오대호의 수운은 1820년대 이리 운하를 시작으로 발달했다. 이후 오대호는 1959년 세인트로렌스 수로가 완성되면서 대서양과 연결되었다. 오대호와 대서양의 만남은 내륙이 바닷길 네트워크에 편입되었음을 뜻한다. 더욱이 오대호 주변은 지하자원이 풍부해서 공업 발달의 시너지 효과가 남달랐다. 이러한 조건인데 어떻게 사람이 모이지 않을 수 있었을까? 오대호 주변에 발달한 대도시는 바로 앞선 조건이 만든

미국 시카고의 랜드마크인 마리나 시티, 일명 옥수수 빌딩은 시카고강과 핵심 상업 지구가 만나는 곳에 입지하며, 18층까지 건물 외벽을 없애 주차된 차량을 볼 수 있는 독특한 구조를 지닌다. 미국 콘 벨트에서 생산되는 옥수수는 세계 단일 경작지에서 가장 큰 규모를 자랑한다. 미국은 세계에서 가장 옥수수를 많이 생산하는 국가이기도 하다.

결과다. '대'소비지가 탄생한 것이다.

대소비지를 감당하기 위해서는 막대한 양의 식량이 필요했다. 인간은 잡식동물이기에 육류 공급도 필수였다. 옥수수는 이들 조건을 완벽하게 만족하는 작물이었다. 씨앗 하나를 심으면 한 줄기에 낟알 수백 개가 달린 옥수수를, 그것도 한 개가 아니라 여러 개 수확할 수 있다는 장점이 컸다. 옥수수는 분명 남는 장사였다. 이렇게 생산된 옥수수는 오대호 주변에서 사람의 끼니 또는 가축의 사료로 활용되었다. 옥수수만으로 식량과 육류 공급이 가능한 시스템이 갖춰졌다. 먹거리의 양적 문제가 해결된 오늘날에는 주로 사료나 식품 첨가물, 바이오에너지용으로 길러진다. 사정이 이렇다 보니 콘 벨트는 어느새 미국을 넘어 세계 옥수수 공급에 없어서는 안 될 존재가 되었다.

수확된 옥수수는 오대호 연안의 시카고 등지에 모여 대서양으로 향한다. 옥수수가 세계로 나가는 기점이 어디인가? 그렇다. 콘 벨트와 가까운 오대호 연안의 대도시다. 이것이 시카고에 가면 '옥수수 빌딩'(정식 명칭은 '마리나 시티')을 볼 수 있고, 콘 벨트가 '옥수수의 메카'로 불리는 결정적인 이유다.

인간이 기른 옥수수, 옥수수가 기르는 인간

마지막으로 인간과 옥수수의 관계를 따져 보자. 옥수수는 중남미에서 기원한 것으로 전해진다. 고대 마야 문명의 사람들은 옥수수를 신이 준 선물로 여기면서 애지중지 키워 냈다. 그 후손들 역시 옥수수를 식량으로 활용했다. 멕시코의 '토르티야'와 '타코'는 옥수수의 위상을 보여 주는 전통 음식이다. 음식의 세계화 덕분인지 이제는 피자 메뉴에서도 이들을 만나 볼 수 있다. 생각난 김에 다음 식사 메뉴를 '불고기 김치 타코 피자'로 정해 보면 어떨까?

옥수수는 3대 식량 작물인 쌀이나 밀과 비교하면 재배 역사가 짧다. 불과 500여 년 전에야 신대륙을 '정복'한 유럽인들에게 노출되었다. 하지만 오늘날 인류에게 주는 영향력은 가히 압도적이다. 옥수수는 전 세계에서 가장 널리, 그리고 가장 많이 재배되는 곡물로서 '곡물의 제왕' 자리에 올랐다. 그도 그럴 것이 우리가 만나는 수많은 음식 속에는 또 다른 차원의 옥수수가 들어 있다. 과장을 보탠다면, 육류나 유제품을 먹는 것은 '파생된' 옥수수를 먹는 행위일 뿐이다.

'인간은 옥수수를 기르고, 옥수수는 인간을 기른다.'

앞선 이야기들을 종합해 보면 충분히 공감할 만한 문장이다.

21세기 엑소더스, 시리아 난민

여행은 삶의 의미와 목적을 관통하는 행위다. 생경한 곳에 관한 호기심은 성별, 나이, 지위 고하를 떠나서 인간이라면 누구나 원하는 본능에 가깝다.

낯선 곳에 관한 호기심과 도전 정신은 인류사에서도 큰 의미를 지닌다. 콜럼버스는 대항해 시대 '신대륙 발견'으로 새로운 역사적 전기를 열었고, 훔볼트는 남미 여행을 통해 얻은 지식으로 근대과학의 여러 분야에 지대한 공헌을 했다. 다윈이 비글호 항해로 진화론에 한 걸음 더 다가간 일화는 말할 필요도 없이 유명하다.

이렇게 볼 때, 자발적 이동은 자아실현의 중요한 도구라고 할 수 있다. 그런데 반대 상황이라면 어떨까? 원하지 않는 이동을 강요당하거나 이동이 불가피한 경우라면? 안타까운 사실은 지금 이 순간에도 많은 이가 '강제된' 상황에서 모국을 떠나고 있다는 점이다. 그들은 왜 이동해야 하고, 또 어디로 가야 할까?

이번 주제는 모국을 떠나는, 아니, 탈출하는 사람들에 관한 이야기다. 그중에서도 이동 경로가 '지리적으로' 남다른 시리아에 주목하고자 한다. 우리는 그들을 '난민'이라고 부른다.

시리아 난민, 그들은 누구인가

「난민의 지위에 관한 의정서」와 「난민의 지위에 관한 협약」은 난민을 이렇게 정의한다.

> 인종, 종교, 국적 또는 특정 사회집단의 구성원 신분 또는 정치적 의견을 이유로 박해를 받을 우려가 있다는 충분한 이유가 있는 공포로 인하여 국적국 밖에 있는 자로서 그 국적국의 보호를 받을 수 없거나 또는 그러한 공포로 인하여 그 국적국의 보호를 받는 것을 원하지 아니하는 자 및 상주 국가 밖에 있는 무국적자로서 종전의 상주 국가로 돌아갈 수 없거나 또는 그러한 공포로 인하여 종전의 상주 국가로 돌아가는 것을 원하지 아니하는 자

바야흐로 4차 산업혁명 시대인 만큼 '요약봇'에게 한 줄 정리를 부

탁한다면? "전쟁이나 재난, 그리고 '다름'을 이유로 피해 또는 박해를 받아서 곤경에 빠진 사람" 정도로 줄여 볼 수 있겠다.

현재 시리아는 내전국이다. 시리아 내전은 넓게 보면 역사적·종교적 문제가 비화해 촉발됐다. 기독교 문명은 이미 수세기 전부터 이슬람 문명에 개입해 왔고, 19세기 식민 제국주의로 정점을 찍었다. 제국주의 열강은 아랍 지역을 도구 삼아 '힘의 균형'을 도모했으며, 한편으로는 '석유 이권'을 착취하기 위해 애썼다. 그 과정에서 여러 층위의 분쟁이 발생하곤 했다. 그때마다 서구 열강은 이를 미봉책으로 덮었고, 잠잠해진 줄 알았던 불씨는 간헐적으로 되살아났다. 시리아 내전은 그 불씨 가운데 하나가 '아랍의 봄'이라는 불쏘시개를 통해 활활 타오른 경우다.

2010년 12월, 튀니지에서 반정부·민주화 시위가 일어났다. 이는 아랍의 봄이라는 이름으로 불리며 북아프리카와 서남아시아로 퍼져 나갔다. 튀니지에서 시작된 혁명의 불쏘시개 효과는, 군사 쿠데타로 집권한 알 아사드 집안의 독재정치에 불만을 품은 시리아에서 유독 강하게 발휘되었다.

그 지역들의 공통분모가 '이슬람 문명'인 점이 눈에 띈다. 시리아의 집권층인 알 아사드 세력(바트당)은 이슬람교 가운데 시아(Shia)파다. 하지만 다수 시민은 수니(Sunni)파에 속한다. 이슬람교의 창시자 무함마드를 잇는 적통성을 다투는 와중에 분파된 이들은 서로를 인정하지 않는다. 아랍의 봄을 계기로 시리아의 많은 시민이 반정부 시위에 나선 이유가 그 때문이다.

내전으로 폐허가 된 시리아 시가지에서는 사람이 자취를 감춘 지 오래다. 유엔 난민기구(UNHCR)는 세계에서 1분당 약 20명의 난민이 발생하는 것으로 추정한 바 있다.

그러나 이러한 표면상의 종교적 이유도 넓게 보면 곁가지에 불과하다. 앞서 이야기했듯 오랜 외세의 개입과 소수 민족의 독립 문제, 강대국의 이권 개입 등 오랜 반목의 역사가 시리아 내전의 근본에 자리하고 있다.

한편 시리아가 내전에 휩싸이자 많은 이가 고향을 등지기 시작했다. 내전 초기만 해도 국경을 맞댄 터키나 레바논 등지로 이동하는 이가 많았다. 그런데 내전이 격화될수록 유럽행을 원하는 사람이 늘어났다. 유럽이야말로 그들의 안전을 확실하게 보장 받을 수 있는 곳이기 때문이었다. '필사즉생, 필생즉사', 죽음을 각오한 시리아 난민의 긴 행렬을 볼 때마다 뇌리를 스치는 이순신 장군의 한마디다.

유럽으로 향하는 '최적의 길'

시리아인의 입장에서 유럽으로 가는 가장 좋은 코스는 터키를 거치는 길이다. 아나톨리아(소아시아)의 터키는 발칸반도의 그리스와 지근거리에 있다. 보스포루스 해협을 낀 이스탄불이 동서 문명의 교차로 역할을 할 수 있었던 것도 이와 무관치 않다. 그래서 시리아 난민들은 유럽행의 첫 번째 국가로 터키를 선호한다.

어떤 방식으로든 터키 입국에 성공한 난민 상당수는 이즈미르, 보드룸과 같은 터키 서부의 해안 도시에 모인다. 인접한 그리스의 섬으로 들어가기 위해서다. 에게해에 펼쳐진 섬들은 대부분 그리스 영토다. 그중에서도 가장 선호되는 곳은 레스보스섬이다. 레스보스섬은 여성 동성애자를 뜻하는 '레즈비언(lesbian)'이란 말이 탄생한 곳으로 본래 유명했다. 하지만 요즘은 시리아 난민의 중간 기착지로 더욱 유명하다.

보트를 구해 레스보스섬에 들어가기만 하면 유럽 입성이다. 그렇게 도착하는 이가 하루에 1,000여 명이나 된다고 한다. 그들은 몇 달씩이나 열악한 천막 생활을 감수하면서, 그리스 정부가 발급하는 정식 체류 허가증을 기다린다. 이 허가증은 다른 유럽 나라로 이동을 이어 갈 수 있는 연결 고리다. 하지만 다음 목적지로 향할 수 있는 행운의 티켓은 소수에게만 주어진다. 그렇게 선택 받은 소수는 독일, 영국, 스웨덴 같은 유럽의 경제 대국을 최종 목적지로 삼고 여정을 이어 간다.

그들이 그리스에서 이동을 멈추지 않는 까닭은 현실적인 이유에서다. 이왕지사 목숨 걸고 이동하는 것이라면, 더 나은 경제적 기회와 복지가 있는 곳이 나을 테니까. 그래서 시리아 난민의 상당수는 유럽연합의 회원국인 그리스를 베이스캠프로 삼아 독일 등으로 향한다. 그 첫 단추를 잘 끼우기 위해 가장 중요한 구간은 뭐니 해도 터키에서 그리스로 들어가는 바닷길이다. 지리 전공자로서 흥미로운 구간도 바로 여기다.

다도해, 시리아 난민의 첫 번째 조력자

지중해는 유럽, 아시아, 아프리카 세 대륙에 둘러싸인 제법 큰 바다다. 서쪽의 지브롤터 해협을 시작으로 동쪽의 흑해에 이르기까지 약 4,000km에 달하는 폭을 자랑한다(167쪽 지도). 그중에서 터키-그리스 구간은 에게해에서 펼쳐진다.

지도를 꺼내 먼저 지중해 전체를 본 다음, 동쪽 끝 가까운 에게해 일대를 둘러보자. 다른 지역과 비교하면 해안선이 무척 복잡하고 섬이 많은 것을 알 수 있다. 마치 우리나라의 서남해안을 보는 듯하다. 왜 그럴까?

본디 지중해는 '테티스해'였다. 테티스해는 신생대 초부터 본격화된 지각 변동의 과정에서 동쪽의 아라비아반도, 서쪽의 지브롤터 해협 일대가 순서대로 닫히며 현재의 지중해가 됐다. 두 지역이 봉합된 이유는 아프리카판·아라비아판·유라시아판의 상호작용 때문이다. 이러

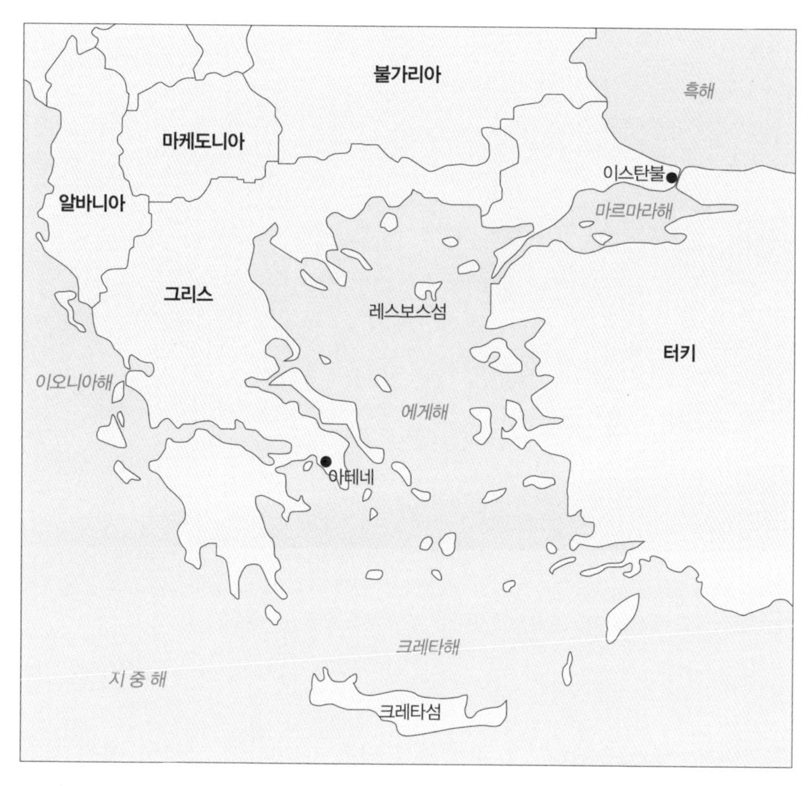

에게해는 해수면 상승에 따른 바닷물의 침수로 산봉우리가 남아 다도해를 이룬다.

한 상호작용의 과정에서 알프스산맥, 아펜니노산맥, 아틀라스산맥, 캅카스산맥 등의 신기 습곡산지가 형성되었다. 산지 형성의 반대급부로 깊게 파인 골짜기도 발달했는데, 그곳에 들어찬 물이 바로 지중해다.

오늘날 지중해가 바닷물을 끌어올 수 있는 통로는 대서양과 면한 지브롤터 해협이 유일하다. 지브롤터 해협을 통해 대서양의 바닷물이 지중해로 들어오기 시작한 것은 약 50만 년 전부터다. 이후 최후 빙기가 지나면서 대서양의 유입 속도가 빨라짐에 따라 자연스럽게 지중해

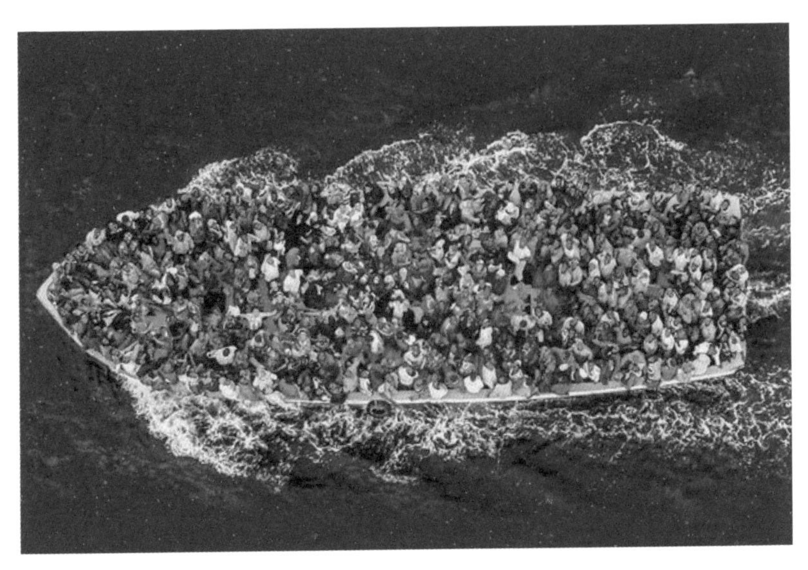

생존을 위해 모국을 버리고 떠나는 난민 행렬에는 어른과 아이가 따로 없다. 노예선을 연상케 하는 무동력 보트에 오른 이들은 새로운 삶터를 찾아 목숨을 걸고 이동한다.

의 해수면이 상승했다. 그 과정에서 낮은 골짜기는 서서히 메워졌다. 골짜기에 바닷물이 들어찼지만 높은 산봉우리들은 남아서 섬이 됐다. 그 섬들이 바로 에게해의 다도해(多島海)를 이루었다. 일본 히로시마의 앞바다인 세토내해(瀨戶內海, 세토나이카이)가 '일본의 에게해'로 불리는 것도 같은 이유에서다.

우리가 주목하는 에게해는, 원래 물이 없던 시절엔 '알프스산맥-디나르알프스산맥-핀두스산맥-토로스산맥'으로 이어지는 신기 조산대의 산지였다. 하지만 해수면 상승 과정에서 일부 산봉우리를 제외하고 물에 잠긴 바다가 된 것이다. 시리아 난민들은 파노라마처럼 펼쳐진 다도해의 섬을 바라보며 목적지가 가깝다는 희망으로 보트에 올랐다.

그리고 결과적으로 에게해의 많은 섬은 이들을 외면치 않고 품어 줬다.

해류, 시리아 난민의 두 번째 조력자

'보트 피플'은 난민을 이야기할 때 빠지지 않고 등장하는 용어로, 배를 이용해 해로로 국가를 탈출한 사람을 일컫는다. 노잣돈이 넉넉한 극소수의 시리아 난민을 제외하면 이들 대다수는 보트 피플이 된다. 이들은 노예선을 방불케 할 정도의 열악한 조건에서 목숨을 건 바닷길에 오른다. 인간으로서의 항구적 존엄을 찾기 위해 일시적으로 존엄을 포기한 그들에게 보트를 이끄는 해류의 방향은 지대한 영향력을 갖는다.

에게해의 해류는 보트 피플에게 매우 우호적이다. 아나톨리아의 남쪽 연안을 훑으며 에게해에 도착한 해류는 크게 두 갈래로 나뉜다. 한 갈래는 시리아 난민들이 선호하는 레스보스섬을 향해 북으로, 다른 갈래는 역시나 난민이 많은 키오스섬, 코스섬 등을 거쳐 아테네와 스파르타 방향으로 향한다. 해류가 자연스럽게 난민을 그들이 원하는 방향으로 인도하는 모양새다. 해류의 흐름이 이와 같지 않다면 무동력 고무보트에 의지한 항해는 희망고문일 뿐이다.

최근 들어 헝가리를 비롯한 몇몇 유럽연합 회원국들이 난민에 대한 장막의 수위를 높이는 추세다. 그래서 서남아시아나 북아프리카 출신의 난민들은 가까운 유럽연합 회원국인 몰타, 키프로스 등의 '섬나라'로 향하고 있다. 이들이 의지할 것은 여전히 보트 하나뿐인 경우가 많

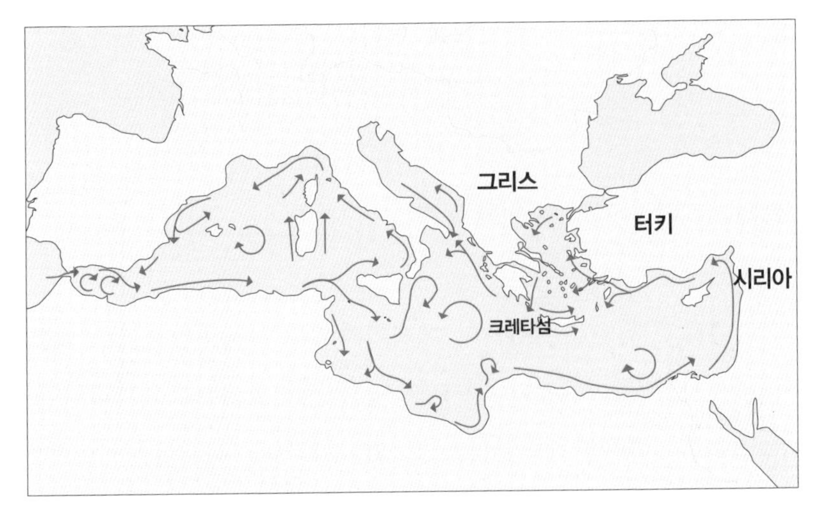

지중해 일대의 해류도를 통해 무동력 보트가 어떻게 주변 섬이나 국가로 이동할 수 있는지 알 수 있다.

다. 하지만 일대의 해류는 역시 그들을 외면하지 않는다. 해류의 도움 덕분에 튀니지에서 출발한 난민은 몰타에, 리비아나 이집트에서 출발한 난민은 키프로스에 이를 수 있다. '친절한' 해류는 보트 피플의 든든한 조력자다.

난민, 그들만의 문제일까

난민이 된다는 건 단순한 정치적 상황을 넘어서, 인간에게 행해질 수 있는 가장 만연한 종류의 잔인한 상황들을 겪어 내는 일과 같다. 그들이 바라는 것은 최소한의 의식주와 안정적인 정착민의 삶이다. 나아가 이들은 자국에서 일어나는 분쟁이 종식되어 고향을 등지는 일이 다시는 반복되지 않기를 바란다.

인류는 세계대전을 두 차례 치르고서야 「세계 인권 선언」(1948년)을 마련했다. 이 결의문은 실질적인 구속력이 없지만, 오늘날 대부분 국가에서 도덕적 당위를 지닌다. 「세계 인권 선언」 제14조 제1항은 난민에 관한 구체적 조항으로, "모든 사람은 박해를 피하여 다른 나라에서 비호를 구하거나 비호를 받을 권리를 가진다"라고 명시하고 있다. 이 문장대로라면 난민에게는 다른 나라에 도움과 보호를 요청할 권리가 있다. 그런데 현실은 그렇지 않은 경우가 대부분이다. 모든 국민이 법 앞에서'만' 평등하듯, 난민의 권리 역시 결의문 '안'에서만 유효하기 때문일까? 그들이 머무는 난민 캠프가 '힐링 캠프'가 될 수 있도록 난민 문제 해결에 대한 국제적인 관심과 노력이 절실하다.

환경이 만든 난민, 시리아 난민 뒤집기

환경의 변화도 난민을 만들 수 있다. 해수면 상승으로 국가 포기 선언을 했던 투발루의 사례는 익숙하다.
그렇다면 난민 발생이 심각한 시리아의 경우는 어떨까? 놀랍게도 기후 변화의 관점에서 난민의 문제를 지적하기도 한다. 요지는 이렇다. 기후 변화로 농경지에 가뭄이 들고, 가뭄으로 살길이 막막해진 농민이 농지를 버리고 도시로 향한다. 도시는 과밀화되고 삶의 질이 떨어지며, 행정력은 마비되고 폭력과 시위가 일어난다. 정부에 대한 신뢰가 바닥으로 떨어지면서 그 틈새를 노린 반정부 세력이 정권 찬탈을 노린다. 그 과정에서 내전이 발생하고 시민은 난민이 된다. 결과적으로 정치적 혼란과 내전에 따른 삶터의 소실이 난민 발생의 원인이지만, 조금 더 근원적으로 보면 기후 변화가 방아쇠를 당긴 격이 된다. 그런 면에서 시리아 난민은 포괄적 의미에서 환경 난민으로도 볼 수 있다.

통영 미륵산에서 본 다도해(한려해상국립공원, 왼쪽)와, '내륙의 다도해' 충주호

우리나라에도 에게해가 있다?

마지막으로 지역 비교의 관점에서 우리나라의 '에게해'를 만나 보자. 바다가 아닌 내륙에서 찾아보는 게 더욱더 흥미로울 듯싶다.

내륙의 인공 호수는 여러 면에서 지중해와 비슷하다. 지브롤터 해협에서 유입된 바닷물로 차오른 에게해를 일종의 인공 호수처럼 본다면 비슷한 상황이 연출된다.

가령 남한강의 충주호는 충주 댐의 준공으로 수위가 오르면서 낮은 자리가 수몰돼 만들어졌다. 그래서 충북 제천의 청풍 망월산성에 올라 호수를 굽어보면 내륙의 다도해를 보는 듯하다. 경남 통영의 미륵산에서 한려해상국립공원을 내려다보는 것과 진배없는 풍경이다.

이야기 세계지리 - 공간 감수성을 일깨우는 교양 필독서

펴낸날 초판 1쇄 2022년 3월 10일
초판 2쇄 2023년 1월 16일

지은이 최재희
펴낸이 심만수
펴낸곳 (주)살림출판사
출판등록 1989년 11월 1일 제9-210호

주소 경기도 파주시 광인사길 30
전화 031-946-1350 팩스 031-624-1356
홈페이지 http://www.sallimbooks.com
이메일 book@sallimbooks.com

ISBN 978-89-522-4392-8 43980
살림Friends는 (주)살림출판사의 청소년 브랜드입니다.

※ 값은 뒤표지에 있습니다.
※ 잘못 만들어진 책은 구입하신 서점에서 바꾸어 드립니다.
※ 이 책에 사용된 이미지 중 일부는, 여러 방법을 시도했으나 저작권자를 찾지 못했습니다.
추후 저작권자를 찾을 경우 합당한 저작권료를 지불하겠습니다.